电子技术基础

（下册）

数字部分（第二版）

主　编　王汉桥
副主编　李保平　龚　敏
编　写　董寒冰　王和平　宋廷臣
主　审　谢自美　罗　杰

中国电力出版社
CHINA ELECTRIC POWER PRESS

内 容 提 要

全书分为“模拟部分”、“数字部分”上下两册。上册内容主要包括半导体二极管和三极管、基本放大电路、集成运算放大器及应用、直流电源、场效应晶体管及其放大电路、晶闸管及其应用电路和模拟电子电路实训；下册内容主要包括数字电路基础、集成逻辑门电路与组合逻辑电路、触发器与时序逻辑电路、555定时电路及其应用、A/D和D/A、半导体存储器和数字电子电路实训。

本书可作为高职高专教育电力技术类、自动化类、计算机类等专业电子技术课程教材，也可作为此类专业的技能培训教材，同时适用于五年制高职高专学生。

图书在版编目（CIP）数据

电子技术基础. 下册，数字部分/王汉桥主编. —2版. —北京：中国电力出版社，2010.10（2024.6重印）
教育部职业教育与成人教育司推荐教材
ISBN 978-7-5123-0874-9

Ⅰ.①电… Ⅱ.①王… Ⅲ.①电子技术—成人教育：高等教育—教材②数字电路—电子技术—成人教育：高等教育—教材 Ⅳ.①TN

中国版本图书馆CIP数据核字（2010）第179828号

中国电力出版社出版、发行
（北京市东城区北京站西街19号 100005 http://www.cepp.sgcc.com.cn）
北京锦鸿盛世印刷科技有限公司印刷
各地新华书店经售
*
2006年8月第一版
2010年10月第二版 2024年6月北京第十五次印刷
787毫米×1092毫米 16开本 8.5印张 204千字
定价 **23.00** 元

前 言

本书再版是在第一版（2006 年）的基础上，总结全体编者四年多来的教学实践经验，在原有的框架下进行了修改、增删，主要做了以下几个方面的工作。

（1）为进一步加强高职高专教育培养应用型人才的实际需要，按照重实训能力训练的原则，在做电路分析、举例时，引导学生熟悉电路实验、实训的方式方法，提高实际操作能力，进而加深对理论知识的理解。例如，增加了模拟部分（上册）第二章第三节、第四节的例子和说明。

（2）根据高职高专层次培训目标的要求和现代科学技术发展的需要，在保证本课程教学任务完成的前提下，对各章节内容进行了精选，例如，删除了模拟部分“选用模块”中第六章中的第五节、第六节和第八节。

（3）为普及计算机知识作些铺垫、开拓学生的知识广度，在数字部分（下册）的“选用模块”中，增加了一章“半导体存储器”，介绍了随机存储器和只读存储器的原理和使用方法。

（4）为有利于培养学生分析问题、解决问题的能力，按照循序渐进的原则，对部分章节内容进行了调整和适当的增加，如模拟部分的“负反馈放大电路”、“直流电源”和数字部分的“编码器”等内容，通过调整，使其内容和逻辑关系更趋合理。

本版仍然沿用从模拟部分到数字部分的体系，每部分都有“基础模块”和“选用模块”两大部分。如有需要从数字到模拟的体系，可将“半导体二极管和三极管”一章移到下册数字部分之前讲授。

参加模拟部分再版工作的主要有王汉桥（第一、二、三、四、六章）、王和平（第一、二章）；参加数字部分再版工作的有李保平（第三、四章）、王和平（第一、二、三、五章）、王汉桥（第二、七章）；宋廷臣（第六章“半导体存储器”）。本书再版由王汉桥担任主编，负责全书的组织、修改和定稿。

为学习贯彻落实党的二十大精神，本书根据《党的二十大报告学习辅导百问》《二十大党章修正案学习问答》，在数字资源中设置了二十大报告及党章修正案学习辅导栏目，以方便师生学习。数字资源中提供了本教材的电子课件，读者在使用时可根据需要进行修改。

本版虽有所改进和提高，但不可避免地还存在错误和不妥之处，敬请同行和读者批评指正。

编　者

2010 年 7 月

第一版前言

本书为教育部职业教育与成人教育司推荐教材，是根据教育部审定的电力技术类专业主干课程的教学大纲编写而成的，并列入教育部《2004～2007年职业教育教材开发编写计划》。本书经中国电力教育协会和中国电力出版社组织专家评审，又列为全国电力职业教育规划教材，作为职业教育电力技术类专业教学用书。

本书体现了职业教育的性质、任务和培养目标；符合职业教育的课程教学基本要求和有关岗位资格和技术等级要求；具有思想性、科学性、适合国情的先进性和教学适应性；符合职业教育的特点和规律，具有明显的职业教育特色；符合国家有关部门颁发的技术质量标准。本书既可以作为学历教育教学用书，也可作为职业资格和岗位技能培训教材。

《电子技术基础》是一门培养学生掌握电子技术方面知识和技能的基础课程，主要介绍常用的半导体器件组成的基本电子电路的原理和应用。

本书分“模拟部分”、“数字部分”上下两册。为了适应现代社会快速发展的需求，教材在内容上注重器件外特性的介绍和常用电路的分析；为了适应各种专业和层次的需要，教材在每册中又分“基础模块”和“选用模块”部分，便于使用者根据需要取舍。

在教材编写方针上：编者注意总结多年教学实践经验，力求深入浅出，联系工程实际，讲清基本概念和基本分析方法，介绍常用的各种电路工作原理，并且注重元件识别、测试方法的介绍，使学生通过学习，掌握电子技术中各种基本电路的组成原理、工作原理、性能特点等，具备初步查阅电子元器件手册并合理选用元器件的能力，以及阅读和应用常见模拟电路及数字电路的基本技能。

在教材编写宗旨上：编者既按照教育部颁发的相关专业的基本要求，又考虑到应用型人才培养的特殊性，力求教材在编撰体系、内容更新、能力培养等方面有所突破。

在教材编写思路上：编者主张“教材内容精选、基础理论精炼、重视元器件认识、课后练习对路适中、实训内容实用”等。

总之，本教材有以下具体特点：

（1）教材内容尽量做到简明易懂，讲述内容尽量抓住最基本、较广泛应用的知识说明上，给学生在读图、设计时以引导作用，便于自学。

（2）尽量削减分立元件电路的内容，加强对集成电路的介绍，同时加强一些新知识、新器件的介绍，使教材具有一定的先进性。

（3）为了加强本书的实用性，在介绍基本电路和与之相关的基本概念、基本原理、基本方法后，尽可能地联系实际介绍常见的、新颖的电路，着力提高学生的实际应用能力，体现应用型人才的培养思路。

（4）为了有助于学生掌握所学内容，各章节配有合适的练习题或自测题。

（5）实训部分一并编入教材，放在每册的最后一章，可作为相关专业实习训练时选择。

（6）在编排上，对于加深和加宽的内容，均放在“选学模块”中，以便于选讲和读者自学。

本书可作为电力类、动力类、工业自动化类、计算机等类专业开设的电子课程教材，适用于此类专业领域技能培训学员和五年制高职高专学生。

参与本教材编写工作的教师有：

武汉电力职业技术学院王汉桥（上册“模拟部分”第一、二章）；

长沙电力职业技术学院龚敏（上册“模拟部分”第三章）；

长沙电力职业技术学院董寒冰（上册“模拟部分”第四、五、六章）；

山西电力职业技术学院王和平（下册“数字部分”第一、二、五章）；

保定电力职业技术学院李保平（下册“数字部分”第三、四章）；

武汉电力职业技术学院宋廷臣（上册“模拟部分”第七章，下册“数字部分”第六章）。

王汉桥担任该教材主编，并负责对各章节润色和定稿，龚敏、李保平担任副主编，分别对上下册进行了初步统稿。

华中科技大学谢自美教授、罗杰副教授担任该教材主审。

由于编者学术水平及实践经验有限，书中不当和错误之处在所难免，敬请专家、同行和读者们批评指正。

编　者

2006 年 5 月

目 录

(下 册)

数 字 部 分

基 础 模 块

选　用　模　块

基 础 模 块

第1章 数字电路基础

1.1 概 述

电子电路可分为两大类：一类是模拟电子电路，另一类是数字电子电路。在时间和数值上均连续变化的电信号，称为模拟信号。工作于模拟信号下的电子电路称为模拟电子电路（简称模拟电路）。例如，热电偶在工作时输出的电压信号就属于模拟信号，因为在任何情况下被测温度都不可能发生突变，所以测得的电压信号无论在时间上还是在数值上都是连续的。而且这个电压信号在连续变化过程中的任何一个取值都有具体的物理意义，即表示一个相应的温度。电子电路中还有一种在时间上和数值上不连续的离散电信号，称为数字信号。例如，用电子电路记录自动生产线上成品的数量时，所处理的信号在时间上和数量上都是不连续的。工作于数字信号下的电子电路称为数字电子电路（简称数字电路）。

数字电路中使用的数字信号很简单，只有高电平和低电平两个状态，这可以用最简单的数字“1”和“0”表示，而且这两个状态可以方便地利用三极管的截止与饱和来实现，所以晶体管在数字电路中，通常工作在开关状态。数字电路研究的主要问题是输入状态和输出状态之间的逻辑关系，所以数字电路又称为逻辑电路。它的主要分析工具是逻辑代数。

1.2 数制和BCD码

1.2.1 数制

数字电路中经常使用的计数进制除了十进制以外，还经常使用二进制等。

1. 十进制

日常生活和工作中，人们习惯使用十进制数。在十进制数中，有0～9十个数码，所以十进制的基数是10。

十进制的进位法则是逢十进一，就是低位计满十，向高位进一，或从高位借一，到低位就是十。

相同的十进制数，处于不同的位置，所表示的大小不同。例如

$$(3333)_{10}=3\times10^3+3\times10^2+3\times10^1+3\times10^0$$

式中：10^0，10^1，10^2 和 10^3 称为相应各位的权值，权值是从右到左逐位扩大10倍，而3，3，3，3称为系数。

任意一个十进制数的大小都可以用这个数的各位系数与各位权值乘积之和来表示。任意十进制数均可展开为

$$(N)_{10}=\sum_{i=-\infty}^{+\infty}k_i\times10^i \qquad (1.2.1)$$

式中：k_i 是第 i 位的系数，它可以是0～9数码中的任何一个；i 可为 $-\infty$～$+\infty$ 之间的任意整数。

2. 二进制

目前在数字电路中应用最广的是二进制数。二进制有两个数码0和1，因此，二进制的

基数是2。二进制的进位法则是逢二进一，就是低位计满二，向高位进一。例如：二进制数1101可以表示为

$$(1101)_2 = 1\times 2^3 + 1\times 2^2 + 0\times 2^1 + 1\times 2^0$$

式中：2^0，2^1，2^2 和 2^3 称为二进制相应各位的权值，权值是从右到左逐位扩大2倍，而1，1，0，1称为二进制的各位系数。

任意一个二进制数的大小可以用这个数的各位系数与各位权值乘积之和来表示。任意二进制数均可以展开为

$$(N)_2 = \sum_{i=-\infty}^{+\infty} k_i \times 2^i \qquad (1.2.2)$$

式中：k_i 是第 i 位的系数，它可以是0，1数码中的任何一个，i 可为 $-\infty\sim+\infty$ 之间的任意整数。

将二进制数展开后，还可以计算出它所表示的十进制数的大小，用括号外加10表示。通常十进制数的下标“10”可以省略。

【例1.2.1】 试求二进制数11010.11的十进制数值。

解 $(11010.11)_2=1\times2^4+1\times2^3+1\times2^1+1\times2^{-1}+1\times2^{-2}=(26.75)_{10}=26.75$

二进制数部分权值见表1.2.1。

表1.2.1 二进制数的“权”

n	2^n	2^{-n}
0	1	1.0
1	2	0.5
2	4	0.25
3	8	0.125
4	16	0.0625
5	32	0.03125
6	64	0.015625
7	128	0.0078125
8	256	0.00390625
9	512	0.001953125
10	1024	0.0009765625

3. 数制转换

（1）二—十进制转换。把二进制数转换为等值的十进制数称为二—十进制转换。转换时只要将二进制数按式（1.2.2）展开，然后把各项的数值按十进制数相加，就可以得到等值的十进制数。例如

$$(101.11)_2 = 1\times 2^2 + 1\times 2^0 + 1\times 2^{-1} + 1\times 2^{-2} = 5.75$$

（2）十—二进制转换。把十进制数转换成等值的二进制数称为十—二进制转换，它可分为整数部分转换和小数部分转换两种情况，下面分别介绍。

1）整数部分转换。十进制数整数部分转换为二进制数的办法是“除2取余”法。这种方法是将十进制数逐次除以2，依次计下余数，一直到商数为零时结束。然后将全部余数按相反次序排列起来，就得到等值的二进制数。

【例1.2.2】 将十进制数25转换为二进制数。

解

```
2|25
2|12   ……余1……最低位 k0=1
2|6    ……余0……       k1=0
2|3    ……余0……       k2=0
2|1    ……余1……       k3=1
  0     ……余1……最高位 k4=1
```

由以上的分析可知：第一次除2所得的余数是转换的二进制数的最低位；最后除2所得

的余数是二进制数的最高位。故结果为

$$(25)_{10} = (11001)_2$$

我们可以验证结果是否正确：

$$(11001)_2 = 1 \times 2^4 + 1 \times 2^3 + 1 \times 2^0 = 16 + 8 + 1 = 25$$

2）小数部分转换。十进制小数部分转换为二进制数的办法是“乘 2 取整”法，将十进制数的小数逐次乘以 2，依次计下整数。整数的次序是从高位到低位。

【例 1.2.3】 将十进制的小数 0.375 转换为二进制。

解

$$0.375 \times 2 = 0.75 \qquad \text{整数部分 } k_{-1} = 0$$

$$0.75 \times 2 = 1.5 \qquad \text{整数部分 } k_{-2} = 1$$

$$0.5 \times 2 = 1.0 \qquad \text{整数部分 } k_{-3} = 1$$

到此乘积的小数部分为 0，故结束。

由以上分析可见，第一次乘 2 所得结果的整数，也就是 0，是转换的二进制小数点后第一位，第二次乘 2 所得结果的整数，也就是 1，是二进制数的小数点后第二位。依次类推直到所得乘积小数部分为 0 为止。结果：$(0.375)_{10} = (0.011)_2$。

综合整数部分转换和小数部分转换结果，可得

$$(25.375)_{10} = (11001.011)_2$$

4. 八进制和十六进制

由于二进制简单，容易实现，所以它是数字系统中广泛采用的一种数制。但由于使用二进制数经常是位数很多，不便书写和记忆，因此在数字计算机的资料中常采用八进制或十六进制来表示二进制。

在八进制数中，有 0、1、2、3、4、5、6、7 八个数字符号，其运算规则为逢八进一，即 7+1=10，各位的权为 8（2^3）的幂，任意八进制数均可展开为

$$(\mathrm{N})_8 = \sum_{i=-\infty}^{+\infty} k_i \times 8^i$$

式中：k_i 为基数 8 的第 i 项幂的系数。

【例 1.2.4】 试求出八进制 $(47)_8$ 对应的十进制数。

解　将八进制按权展开后，再求各加权系数和

$$(47)_8 = 4 \times 8^1 + 7 \times 8^0 = (39)_{10}$$

【例 1.2.5】 试将二进制数 $(11110011010)_2$ 转换成八进制数。

解　将二进制数从低位到高位，每 3 位数分为一组，最高位不满 3 位的加 0 补足，对应每一组写出相应的八进制数为

$$(11110011010)_2 = (011\ 110\ 011\ 010)_2 = (3632)_8$$

将八进制数转换成二进制数时，只要将每位八进制数写成相应的三位二进制数，再按原顺序排列起来即可得到相应的二进制数。

在十六进制数中，有 0、1、2、3、4、5、6、7、8、9、A（10）、B（11）、C（12）、D（13）、E（14）、F（15）十六个不同的数字符号，运算规则为逢十六进一，各位的权为 16（2^4）的幂。任意十六进制数均可表达为

$$(\mathrm{N})_{16} = \sum_{i=-\infty}^{+\infty} k_i \times 16^i$$

式中：k_i 为基数 16 的第 i 项幂的系数。

【例 1.2.6】 试求出十六进制 $(4AF)_{16}$对应的十进制数。

解 $(4AF)_{16}=4\times16^2+10\times16^1+15\times16^0=(1199)_{10}$

【例 1.2.7】 试将二进制数 $(1001110010110100)_2$ 转换成十六进制数。

解 将二进制数中的每 4 位组合与十六进制对应即得十六进制数。

$(1001110010110100)_2=(1001\ 1100\ 1011\ 0100)_2=(9CB4)_{16}$

十六进制数转换成二进制数时，只要将每位十六进制数写成相应的四位二进制数，再按原顺序排列起来，即可得到相应的二进制数。

【例 1.2.8】 试将十六进制数 $(5BF)_{16}$ 转换成二进制数。

解 $(5BF)_{16}=(0101\ 1011\ 1111)_2=(10110111111)_2$

为便于对照，将十进制、二进制、八进制及十六进制之间的关系列于表 1.2.2 中。

表 1.2.2　十、二、八、十六进制间关系表

十进制	二进制	八进制	十六进制
0	0000	0	0
1	0001	1	1
2	0010	2	2
3	0011	3	3
4	0100	4	4
5	0101	5	5
6	0110	6	6
7	0111	7	7
8	1000	10	8
9	1001	11	9
10	1010	12	A
11	1011	13	B
12	1100	14	C
13	1101	15	D
14	1110	16	E
15	1111	17	F

1.2.2　二—十进制码（BCD 码）

数字电路是一种处理离散信号的电路。这些离散信号可能是数值、数字、字符或其他信号（如电压、压力、温度等物理量），但是，数字系统只能识别和处理二进制数码。因此，数字系统中的所有信号都要用二进制数码来表示。

不同的数码不仅可以表示数量的不同大小，而且还能用来表示不同的事物。在后一种情况下，这些数码已没有表示数量大小的含义，只是表示不同事物的代号而已。这些数码称为代码。n 位二进制代码有 2^n 个状态，因此，n 位二进制代码最多可以表示 2^n 个信息。

例如，我们要通过计算机的键盘将命令、数据和其他信息输入计算机，这个键盘的数字、字母、符号和控制符在输入计算机之后必须首先转换成二进制代码，这样，计算机才能进行各种信息的处理。建立这种代码和字母、符号、十进制数码的一一对应的关系称为编码。

二—十进制数码是一种用四位二进制数来表示一位十进制数的代码，简称 BCD 码。用四位二进制码表示十进制 0～9十个数码，有很多种编码方法，其中最常用的是 8421BCD 码，常见的几种 BCD 码见表 1.2.3。

表 1.2.3　常见的几种 BCD 码

十进制数 \ 编码种类	8421 码	5421 码	2421 码	5211 码
0	0000	0000	0000	0000
1	0001	0001	0001	0001
2	0010	0010	0010	0100
3	0011	0011	0011	0101
4	0100	0100	0100	0111
5	0101	1000	1011	1000
6	0110	1001	1100	1001
7	0111	1010	1101	1100
8	1000	1011	1110	1101
9	1001	1100	1111	1111
权	8421	5421	2421	5211

8421BCD 码每一位都具有同二进制

数相同的数值，即从高位到低位有 8，4，2，1 的位权，因此称为 8421BCD 码。8421BCD 码选取 16 种组合中的前 10 种，即 0000～1001，其余 6 种 1010～1111 是没有使用的状态。表中还列有 5421BCD 码，其二进制代码的位权从左到右依次为 5、4、2、1，因而得名。

一个多位十进制数可用多组 8421BCD 码来表示，可由高位到低位排列起来，组间留有间隔。例如

$$769=(0111\ 0110\ 1001)_{8421BCD}$$

将多位 8421BCD 码转换成十进制数是很简单的，只要逐位将 8421BCD 码转换成十进制数，然后由高位到低位逐次排列下来即可。例如

$$(0101\ 0010\ 1000.1001\ 0110\ 0100)_{8421BCD}=528.964$$

由表 1.2.3 可知，两种 BCD 码所对应的十进制数并不完全相同，如二进制代码 1001 在 8421BCD 码中表示十进制数 9，而 5421BCD 码中则表示 6。因此，要特别注意，代码只是一个符号，没有数值大小，与二进制数的含义不同，两者不能混淆。

1.3　基本逻辑门电路

所谓逻辑关系是指事物之间的因果关系，即“条件”与“结果”的关系。能实现逻辑关系的电路称为逻辑门电路，简称门电路。最基本的逻辑关系有与逻辑、或逻辑和非逻辑三种。相应的最基本的逻辑电路也有与门、或门和非门三种。门电路可以用二极管、三极管等分立元件构成，还可以制成集成门电路。

1.3.1　与逻辑和与门电路

1. 与逻辑

先看一个简单的例子。图 1.3.1 是实现与逻辑关系的开关电路，在电路中只有当串联的开关 A 与 B 都闭合时，灯 Y 才亮。这里开关为条件，灯亮为结果。

与逻辑的因果关系是指：只有当决定一个事件的所有条件都成立时，事件才会发生。如果我们用 Y 来表示某一个事件的发生与否，用 A 和 B 分别表示决定这个事件发生的两个条件，那么与逻辑可用逻辑函数表达式表示为

$$Y=A\cdot B\text{ 或 }Y=AB \qquad (1.3.1)$$

式中：“·”为与逻辑的运算符号，也表示逻辑乘，在运算中可以省略；A 和 B 是逻辑变量；Y 是 A 和 B 的逻辑函数，表示逻辑乘的结果。

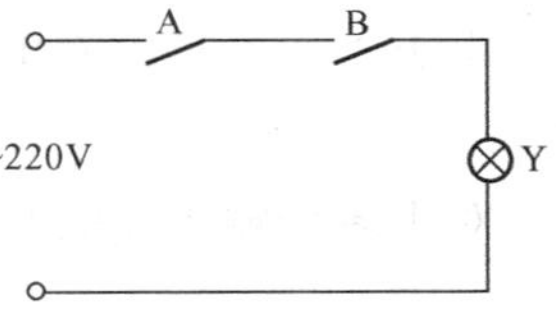

图 1.3.1　与逻辑开关电路

在数字电路中常用输入信号表示“条件”A 和 B，用输出信号表示“结果”Y。因为数字电路中输入和输出只有高电平和低电平两种状态，所以逻辑变量也只有两种状态，通常用 1 和 0 表示。

作为逻辑取值的 1 和 0 并不表示数值的大小，而是表示完全对立的两个逻辑状态，可以是条件的有或无，事件的发生或不发生，灯的亮或灭，开关的通或断，电压的高或低等。这里必须注意，逻辑取值的 0 和 1 不同于前述二进制数的 0 和 1。

与逻辑的运算规则

$$0\cdot 0=0 \qquad 0\cdot 1=0$$

$$1 \cdot 0 = 0 \qquad 1 \cdot 1 = 1$$

以上逻辑乘的结果和普通代数的乘法是一样的，但两者有本质的区别。

2. 与门

在数字电路中，实现与逻辑关系的最简单的电路是由二极管组成的与逻辑电路。图 1.3.2 是由二极管组成的两个输入端的与门电路和逻辑符号。A 和 B 为输入信号，Y 为输出信号。假定二极管为锗管，正向压降可忽略不计，输入高电平为 3V，低电平为 0V，下面我们分四种不同情况进行讨论。

（1）输入端 A、B 都为低电平，即 $U_A=U_B=0V$。这时，V1、V2 都处于正向偏置，均导通。由于二极管的钳位作用，$U_Y=0V$。

（2）输入端 A 为低电平 $U_A=0V$，B 为高电平 $U_B=3V$。V1 管两端的电位差大于 V2 管，故 V1 优先导通。由于二极管的钳位作用，$U_Y=0V$，使 V2 管反偏，处于截止状态。

（3）输入端 A 为高电平 $U_A=3V$，B 为低电平 $U_B=0V$。同理，V2 优先导通，$U_Y=0V$，使 V1 反偏而截止。

（4）输入端 A、B 都为高电平，即 $U_A=U_B=3V$。这时，V1 和 V2 均处于正偏而导通，$U_Y=3V$。

将上述输入、输出电压之间一一对应关系列表，见表 1.3.1。我们假定用高电平 3V 代表逻辑取值 1，用低电平 0V 代表逻辑取值 0，则可以得到输入—输出的与逻辑真值表，见表 1.3.2。

表 1.3.1 输入—输出电压对应关系表

输入（V）		输出（V）
U_A	U_B	U_Y
0	0	0
0	3	0
3	0	0
3	3	3

表 1.3.2 与逻辑真值表

输入变量		输出变量
A	B	Y
0	0	0
0	1	0
1	0	0
1	1	1

由表 1.3.2 可以看出：只有输入信号 A 和 B 都为 1 时，输出信号 Y 才为 1。简单记为“见 0 出 0，全 1 出 1”。

对于多个输入端的与门电路，其逻辑表达式为

$$Y = A \cdot B \cdot C \cdots$$

波形图是用来表示逻辑电路输入、输出信号随时间变化的图形，具有形象直观的优点，便于用示波器进行观察。图 1.3.3（a）、（b）分别是图 1.3.2（a）电路的输入波形，根据与门的逻辑关系，可以画出输出 Y 的波形，如图 1.3.3（c）所示。

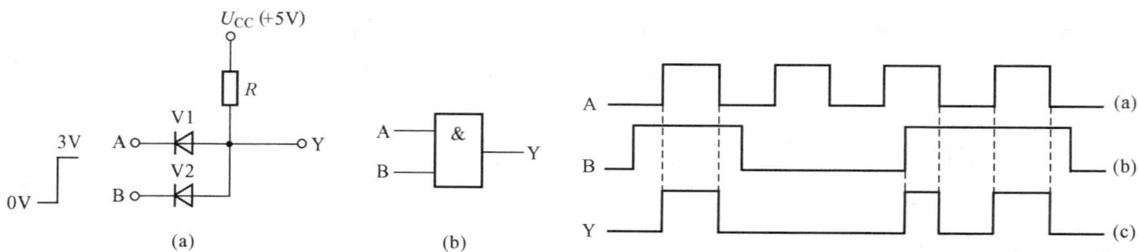

图 1.3.2 二极管与门电路和符号
（a）电路；（b）逻辑符号

图 1.3.3 与门输入和输出波形图
（a）输入 A 波形；（b）输入 B 波形；（c）输出 Y 波形

1.3.2 或逻辑和或门电路

1. 或逻辑

图 1.3.4 所示为实现或逻辑关系的开关电路。电路中的开关 A 或 B 有一个或一个以上闭合，灯 Y 就亮。

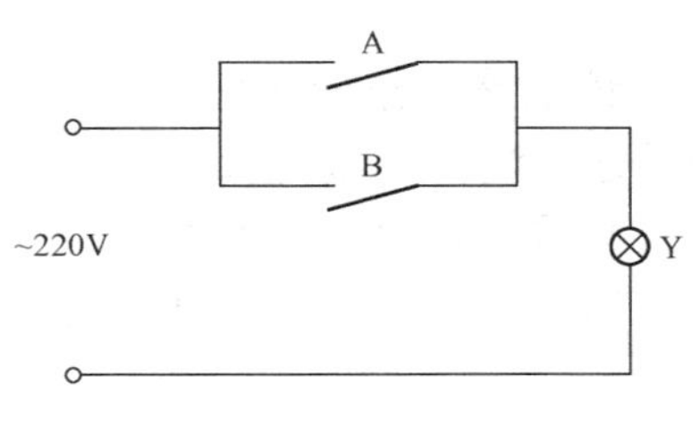

图 1.3.4 或逻辑开关电路

或逻辑的因果关系是指只要在决定一个事件的许多条件中，满足一个或一个以上的条件，事件就会发生。或逻辑可用逻辑函数表达式表示为

$$Y = A + B \tag{1.3.2}$$

式中：“+”为逻辑或运算符号，也表示逻辑加。Y 是逻辑加的结果，A+B 读做“A 或 B”。

或逻辑的运算规则为

$$0+0=0 \qquad 0+1=1$$

$$1+0=1 \qquad 1+1=1$$

应当注意：逻辑加法与普通代数的加法并不完全相同。普通代数二进制加法 1+1=10，但逻辑加 1+1=1。前者是数量之和，而后者表示“条件”与“结果”之间的或逻辑关系。

2. 或门

两个输入端的二极管或门电路及逻辑符号如图 1.3.5 所示。该电路输入输出情况由读者自行分析。

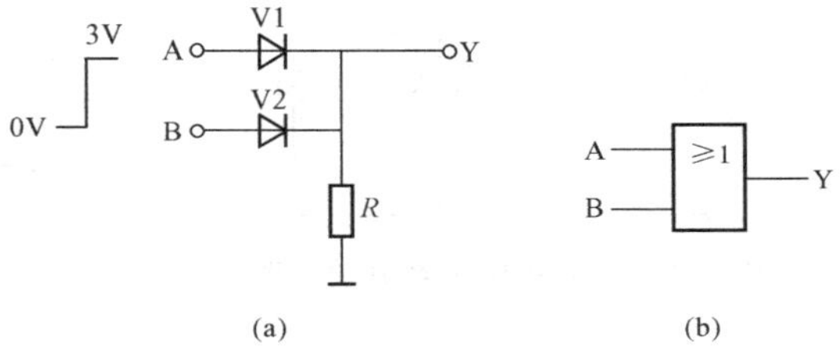

图 1.3.5 二极管或门电路和逻辑符号

(a) 电路图；(b) 逻辑符号

表 1.3.3 所列为或逻辑关系真值表。从表中可以看出，只要输入有一个 1，输出就为 1，简单记为“见 1 出 1，全 0 出 0”。

若图 1.3.6 (a)、(b) 分别是图 1.3.5 (a) 电路的输入波形，根据或门的逻辑关系，可以画出输出 Y 的波形如图 1.3.6 (c) 所示。

表 1.3.3 或逻辑真值表

输入变量		输出变量
A	B	Y
0	0	0
0	1	1
1	0	1
1	1	1

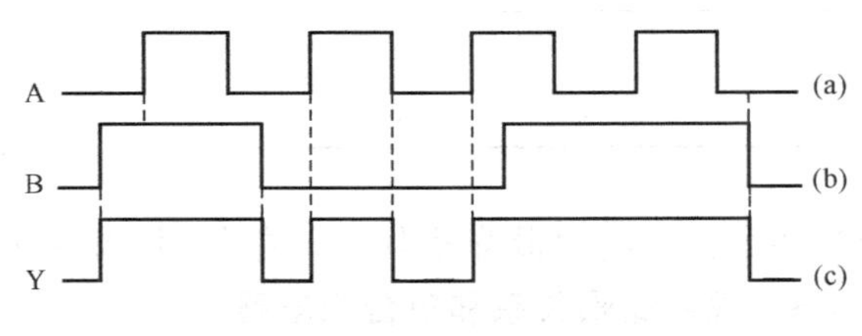

图 1.3.6 或门输入和输出波形

(a) 输入 A 波形；(b) 输入 B 波形；(c) 输出 Y 波形

1.3.3 非逻辑和非门电路

1. 非逻辑

图 1.3.7 所示实现非逻辑关系的开关电路，在电路中，开关 A 不闭合时，灯 Y 才会亮。

非逻辑的因果关系是指：当一个条件满足时，事件不会发生，而此条件不满足时，事件一定发生。逻辑变量 A 的非逻辑可用逻辑函数表达式表示为

$$Y = \overline{A} \tag{1.3.3}$$

式中："—"为非逻辑的运算符号，$\overline{A}$ 读做"A 非"。非逻辑运算也称为逻辑否定或逻辑反。

非逻辑的运算规则为

$$\overline{0} = 1 \qquad \overline{1} = 0$$

2. 非门

由三极管构成的非门电路及逻辑符号如图 1.3.8 所示。该电路工作情况是：当输入 A 为高电平+3V 时，合理选择电路参数，使三极管 V 饱和导通，饱和压降 $U_{CES}=0V$，相当于开关闭合，输出 Y 为低电平 $U_Y=0$；当输入 A 为低电平 0V 或负值时，三极管 V 的发射结零偏置或反偏，即 $U_{BE}\leqslant 0$，使三极管截止，即 $I_C\approx 0$，相当于开关断开，输出 Y 为高电平 $U_Y=U_{CC}$。实现了"非"逻辑功能。

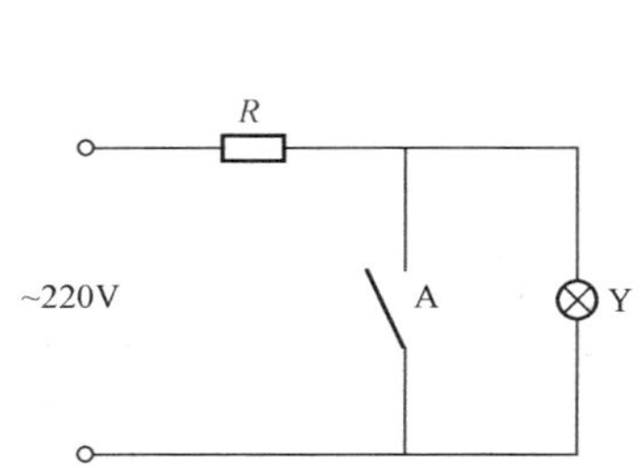

图 1.3.7 非逻辑关系开关电路

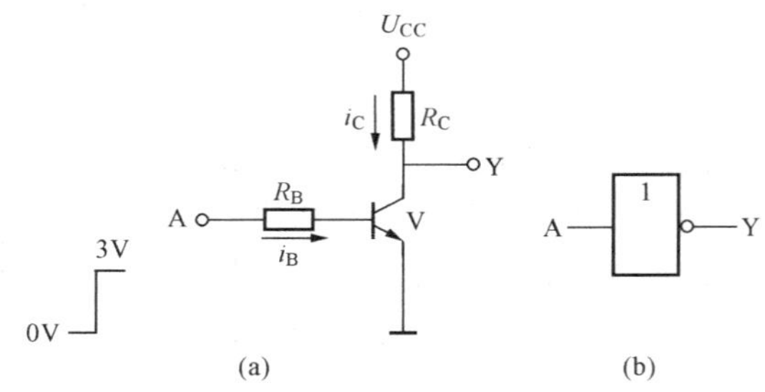

图 1.3.8 三极管非门电路和逻辑符号

(a) 电路图；(b) 逻辑符号

根据上述分析结果，可得到电路逻辑真值表，见表 1.3.4。由真值表可知，输出总是输入的否定，是非逻辑关系。非门的输出和输入反相，故又称反相器。非门电路的波形如图 1.3.9 所示。

表 1.3.4 非门逻辑真值表

输入变量	输出变量
A	Y
0	1
1	0

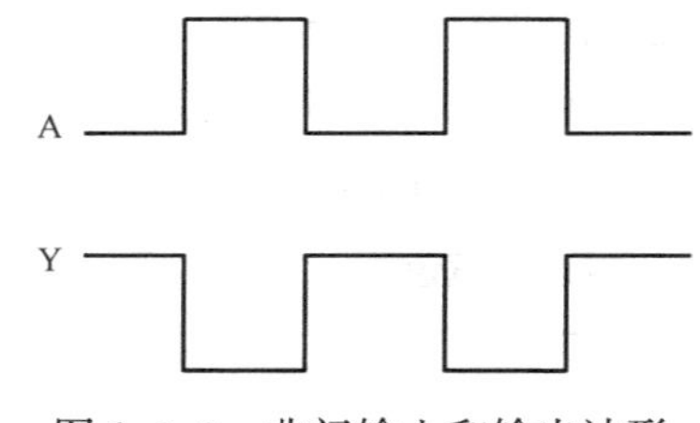

图 1.3.9 非门输入和输出波形

应当注意：非门逻辑符号中输出端的小圆圈表示反相（非）的意思。

1.3.4 复合逻辑关系和复合门电路

将上述三种基本门电路组合在一起，可以得到具有复合逻辑关系的多种复合门电路。用得较多的有与非门、或非门、异或门、同或门和与或非门等。它们的逻辑符号、逻辑表达式和输入输出情况见表 1.3.5。

与非门是由与门和非门构成的。由表 1.3.5 可知：只有当输入全为 1 时，输出才为 0；它只要有一个输入为 0，输出即为 1。简言之，见 0 出 1，全 1 出 0。

或非门是由或门和非门构成的。由表 1.3.5 可知：只有当输入全为 0 时，输出才为 1；它只要有一个输入为 1，输出即为 0。简言之，见 1 出 0，全 0 出 1。

表 1.3.5　　常见的几种复合逻辑门电路

逻辑关系	与非	或非	异或	同或	与或非
逻辑表达式	$Y=\overline{AB}$	$Y=\overline{A+B}$	$Y=\overline{A}B+A\overline{B}$ $=A\oplus B$	$Y=AB+\overline{A}\,\overline{B}$ $=\overline{A\oplus B}$	$Y=\overline{AB+CD}$
逻辑符号 变量 A　B	&	≥1	=1	=1	& ≥1
0　0	1	1	0	1	当 AB 或 CD 或 ABCD 同时为 1 时，Y＝0；其余情况 Y＝1
0　1	1	0	1	0	
1　0	1	0	1	0	
1　1	0	0	0	1	

异或门是由与、或和非三种门电路构成的。由表 1.3.5 可知：它的两个输入不相同时，输出为 1；相同时，输出为 0。

同或门是异或门求反而得到的。由表 1.3.5 可知：它的两个输入相同时，输出为 1；不相同时，输出为 0。

与或非门是由与门、或门和非门构成的。当输入 AB 或 CD 或 ABCD 同时为 1 时，输出为 0；其余情况输出为 1。

1.3.5　正逻辑和负逻辑

在数字电路中，逻辑规定分为正逻辑和负逻辑。用电路的高电平代表逻辑 1，低电平代表逻辑 0，这种逻辑规定称为正逻辑。用电路的低电平代表逻辑 1，高电平代表逻辑 0，这种逻辑规定称为负逻辑。

对于一个数字电路，可以采用正逻辑，也可以采用负逻辑。同一电路，如果采用不同的逻辑规定，那么电路所实现的逻辑关系不同。前面的分析都是采用的正逻辑规定，现将图 1.3.2 与逻辑关系的真值表（表 1.3.2）采用负逻辑分析，即 1 和 0 对换，得到表 1.3.6，可以看出现在是或逻辑关系了。这就是说，同一门电路采用正逻辑分析是与门，而采用负逻辑分析就是或门。各种门的正、负逻辑对应关系见表 1.3.7。

表 1.3.6　　负或门逻辑真值表

A	B	Y
1	1	1
1	0	1
0	1	1
0	0	0

表 1.3.7　正负逻辑对应关系

正逻辑	负逻辑
与门	或门
或门	与门
与非门	或非门
或非门	与非门
非门	非门

1.4　逻 辑 代 数 基 础

逻辑代数又称布尔代数，是 19 世纪英国数学家乔治·布尔创立的。它是分析和设计数字电路的数学工具。

逻辑代数与普通代数一样，也用字母表示变量。但逻辑变量的取值很简单，不是0就是1。这里的0和1不再表示数量的大小，而只表示两种不同的逻辑状态，如信号的有与无，电位的高与低，开关的闭合与断开等。所以逻辑代数比普通代数要简单得多。然而，逻辑代数中也包含一些与普通代数不同的运算规律。因此，我们在学习时应加以注意。

1.4.1 逻辑代数的基本公式和常用公式

1. 逻辑代数的基本公式

根据逻辑乘、加、非三种基本逻辑运算，可以推导出逻辑代数的一些基本公式，见表1.4.1。

表1.4.1 逻辑代数的基本公式

名　称	公式（a）组	公式（b）组
0—1律	$A+0=A$	$A\cdot 1=A$
	$A+1=1$	$A\cdot 0=0$
重叠律	$A+A=A$	$A\cdot A=A$
互补律	$A+\overline{A}=1$	$A\cdot\overline{A}=0$
非非律	$\overline{\overline{A}}=A$	
交换律	$A+B=B+A$	$AB=BA$
结合律	$(A+B)+C=A+(B+C)$	$(AB)C=A(BC)$
分配律	$A(B+C)=AB+AC$	$A+BC=(A+B)(A+C)$
反演律	$\overline{A+B}=\overline{A}\cdot\overline{B}$	$\overline{AB}=\overline{A}+\overline{B}$

表1.4.1中的公式是否成立，可以用真值表证明。

【例1.4.1】 证明反演律：$\overline{A\cdot B}=\overline{A}+\overline{B}$。

证明 将变量A、B的各种取值组合逐一代入上述公式，算出相应的结果，见表1.4.2。由表1.4.2可见，等式两边对应的真值表相同，故等式成立。

表1.4.2 反演律的证明

A	B	$\overline{AB}$	$\overline{A}+\overline{B}$	A	B	$\overline{AB}$	$\overline{A}+\overline{B}$
0	0	1	1	1	0	1	1
0	1	1	1	1	1	0	0

表1.4.1中，（a）组和（b）组公式互为对偶式。所谓对偶式是这样定义的：一个逻辑函数式Y若将其中的“·”换成“+”，“+”换成“·”，1换成0，0换成1，则得到一个新函数式Y′，Y′就叫Y的对偶式。由表1.4.1可知，若两逻辑式相等，则它们的对偶式也相等。

2. 逻辑代数的常用公式

利用上述基本公式可以推导出一些常用公式如下：

公式1　　$AB+A\overline{B}=A$

证明：　　$AB+A\overline{B}=A(B+\overline{B})=A\cdot 1=A$

公式2　　$A+AB=A$

证明：　　$A+AB=A(1+B)=A\cdot 1=A$

公式3　$A+\overline{A}B=A+B$

证明：　$A+\overline{A}B=A+AB+\overline{A}B=A+B(A+\overline{A})=A+B\cdot 1=A+B$

公式4　$AB+\overline{A}C+BC=AB+\overline{A}C$

证明：

$$\begin{aligned}AB+\overline{A}C+BC &= AB+\overline{A}C+(A+\overline{A})BC\\ &= AB+\overline{A}C+ABC+\overline{A}BC\\ &= AB(1+C)+\overline{A}C(1+B)\\ &= AB+\overline{A}C\end{aligned}$$

1.4.2　逻辑函数的表示方法

任何一个事物的因果关系都可以用逻辑函数表示。例如，举重比赛中有三个裁判，一个主裁判控制开关 A，2 个副裁判分别控制开关 B、C。运动员进行杠铃试举是否成功，由每个裁判按下自己的开关来决定，只有两个以上的裁判（其中必须有主裁判）判明成功按下控制的开关时，表明成功的灯 Y 才亮，否则灯不亮。这个指示灯 Y 的状态就是开关 A、B、C 状态的函数，可表示为

$$Y=F(A,B,C)$$

逻辑函数有 4 种表示方法：真值表、逻辑表达式、逻辑图和卡诺图。下面以举重裁判电路为例，先介绍前 3 种方法。

1. 真值表表示方法

以上述举重比赛的裁判控制电路为例：对输入变量，若用 1 表示开关闭合，0 表示开关断开；对输出变量，用 1 表示灯亮，0 表示灯不亮。这样就可以列出输入变量 A、B、C 和输出变量 Y 之间的逻辑关系的真值表见表 1.4.3。

2. 逻辑表达式表示方法

由表 1.4.3 可以写出逻辑表达式。先找出使 Y 为 1 的输入变量的组合，它们是：A=1、B=0、C=1 时，$A\overline{B}C=1$；A=1、B=1、C=0 时，$AB\overline{C}=1$；A=1、B=1、C=1 时，ABC=1。把 A、B、C 取值为 1 的写成原变量，取值为 0 的写成反变量，将组合中的变量进行逻辑乘，得到 3 个相应的乘积项：$A\overline{B}C$、$AB\overline{C}$、ABC。再把它们进行逻辑加就得到所求的逻辑函数表达式

$$Y=A\overline{B}C+AB\overline{C}+ABC \tag{1.4.1}$$

表 1.4.3　举重裁判电路真值表

A	B	C	Y
0	0	0	0
0	0	1	0
0	1	0	0
0	1	1	0
1	0	0	0
1	0	1	1
1	1	0	1
1	1	1	1

3. 逻辑图表示方法

将式（1.4.1）中的变量之间的逻辑关系用相应的逻辑符号表示出来，就可以画出如图 1.4.1（a）所示的逻辑图。只要用相应的器件代替图中的逻辑符号，并将它们按图连接，即可构成实际电路，所以又称此图为逻辑电路图。

若用公式化简，可将式（1.4.1）化简为

$$\begin{aligned}Y&=A\overline{B}C+AB\overline{C}+ABC=A\overline{B}C+AB(C+\overline{C})=A\overline{B}C+AB\\ &=A(B+\overline{B}C)=A(B+C)=AB+AC\end{aligned}$$

化简后的逻辑图如图 1.4.1（b）所示。该电路十分简单，但其逻辑功能与化简前的相同。可见，逻辑函数的化简，在是逻辑电路的设计中是很重要的一环。

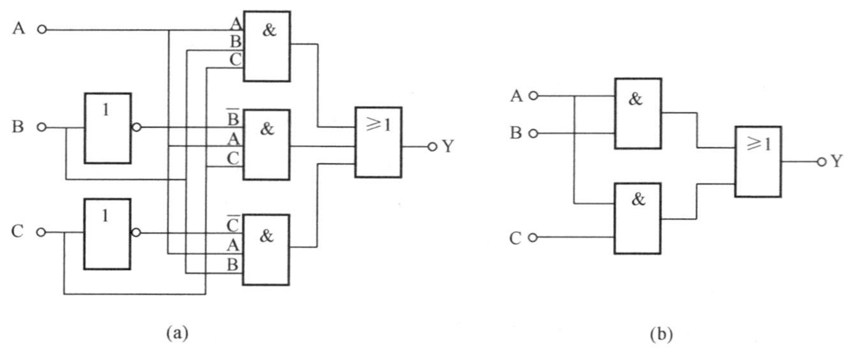

图 1.4.1 举重裁判逻辑电路图

(a) 化简前的逻辑图；(b) 化简后的逻辑图

1.5 逻辑函数的化简

一个逻辑函数化简到哪一步，才算是最简的呢？这要根据具体情况决定。例如，有的要求电路中器件最少，使成本最低；有的要求电路级数最少，以提高工作速度。一个逻辑函数有多种最简逻辑函数表达式。例如

$Y=\bar{A}\bar{B}+AB$	与—或表达式
$Y=\overline{\overline{\bar{A}\bar{B}}\cdot\overline{AB}}$	与非—与非表达式
$Y=\overline{(A+B)\cdot(\bar{A}+\bar{B})}$	或—与非表达式
$Y=\overline{A\bar{B}+\bar{A}B}$	与—或非表达式
$Y=\overline{\overline{\bar{A}+B}+\overline{A+\bar{B}}}$	或非—或非表达式
$Y=(\bar{A}+B)\cdot(A+\bar{B})$	或—与表达式

由于与—或表达式是最常见的逻辑函数表达式，并且容易转换为其他形式的函数表达式，所以这里只讨论与—或函数表达式的化简方法。与—或函数表达式的最简标准是：表达式中乘积项的个数最少，并且每个乘积项包含的变量的个数也最少。

常用的化简方法有代数化简法和卡诺图化简法两种。

1.5.1 逻辑函数的代数化简法

代数化简法就是利用基本公式和常用公式来化简逻辑函数。

【例 1.5.1】 试化简函数 $Y=A\bar{B}C+A\bar{B}\bar{C}$。

解 $Y=A\bar{B}(C+\bar{C})=A\bar{B}$

利用公式 $A+\bar{A}=1$，将两项合并成一项，并消去一个变量。公式中的 A 可以是任意复杂的逻辑式，如 $A+BC+\overline{A+BC}=1$。

【例 1.5.2】 试化简函数 $Y=(\overline{AB}+\bar{C})ABD+AD$。

解 $Y=AD[(\overline{AB}+\bar{C})B+1]=AD$

利用公式 $A+AB=A$，消去多余的项，同样，A 和 B 可以是任何复杂的逻辑式。

【例 1.5.3】 试化简函数 $Y=A\bar{B}CD+\overline{A\bar{B}C}$。

解 $Y=D+\overline{A\bar{B}C}$

利用公式 $A+\overline{A}B=A+B$，消去多余的因子。

【例 1.5.4】　试化简函数 $Y=AC+\overline{A}D+\overline{C}D$。

解　$Y=AC+D(\overline{A}+\overline{C})=AC+\overline{AC}D=AC+D$

利用公式$\overline{AB}=\overline{A}+\overline{B}$ 和 $A+\overline{A}B=A+B$，取消多余的因子。

【例 1.5.5】　试化简函数 $Y=AB+\overline{A}\overline{C}+B\overline{C}$。

解　$Y=AB+\overline{A}\overline{C}$

利用公式 $AB+\overline{A}C+BC=AB+\overline{A}C$，消去多余的因子。

1.5.2　逻辑函数的卡诺图化简法

从 1.4 节分析可知，代数法化简逻辑函数无固定步骤可以遵循，技巧性强，化简后的结果是否为最简式，难以判断。卡诺图化简法是一种简便直观、容易掌握的方法，在数字电路的设计中应用广泛。它的缺点是变量多了作图较麻烦，通常变量要求少于 6 个。

1. 逻辑函数的最小项表达式

(1) 最小项及最小项表达式。在 n 个变量的逻辑函数中，包含 n 个变量的乘积项称为最小项，其中的变量以原变量或反变量的形式出现一次。例如，2 个变量 A、B，逻辑变量的组合共有 2^2 个，即 $\overline{A}\,\overline{B}$、$\overline{A}B$、$A\overline{B}$、$AB$，这就是 4 个最小项。若逻辑变量有 A、B、C 三个，则逻辑变量组合有 $2^3=8$ 个，相应的 8 个最小项为 $\overline{A}\,\overline{B}\overline{C}$、$\overline{A}\overline{B}C$、$\overline{A}B\overline{C}$、$\overline{A}BC$、$A\overline{B}\overline{C}$、$A\overline{B}C$、$AB\overline{C}$、$ABC$。如果某一逻辑函数的与或表达式由若干个最小项组成，则此逻辑函数式称为最小项表达式。

(2) 最小项的编号。在逻辑函数的最小项表达式中，为了分析方便起见，常将最小项进行编号。例如变量组合 110，相应的最小项为 $AB\overline{C}$，将 110 视作二进制，则对应的十进制数为 6，于是 $AB\overline{C}$ 为第六个最小项，记为 m_6，其余类推，可得三变量最小项排列表，见表 1.5.1。

表 1.5.1　　**三变量最小项排列表**

逻辑变量			十进制数	m_0	m_1	m_2	m_3	m_4	m_5	m_6	m_7
A	B	C		$\overline{A}\overline{B}\overline{C}$	$\overline{A}\,\overline{B}C$	$\overline{A}B\overline{C}$	$\overline{A}BC$	$A\overline{B}\overline{C}$	$A\overline{B}C$	$AB\overline{C}$	ABC
0	0	0	0	1	0	0	0	0	0	0	0
0	0	1	1	0	1	0	0	0	0	0	0
0	1	0	2	0	0	1	0	0	0	0	0
0	1	1	3	0	0	0	1	0	0	0	0
1	0	0	4	0	0	0	0	1	0	0	0
1	0	1	5	0	0	0	0	0	1	0	0
1	1	0	6	0	0	0	0	0	0	1	0
1	1	1	7	0	0	0	0	0	0	0	1

运用逻辑代数的公式，可以把任一逻辑函数表达式变换为最小项表达式。

【例 1.5.6】　试写出 $Y=AB+\overline{A}B+\overline{B}C$ 的最小项表达式。

解

$$\begin{aligned} Y &= AB(C+\overline{C})+\overline{A}B(C+\overline{C})+\overline{B}C(A+\overline{A}) \\ &= ABC+AB\overline{C}+\overline{A}BC+\overline{A}B\overline{C}+A\overline{B}C+\overline{A}\,\overline{B}C \\ &= m_7+m_6+m_3+m_2+m_5+m_1 \end{aligned} \tag{1.5.1}$$

为了简化书写，常用最小项的下标编号来代表最小项，式 (1.5.1) 又可写为

$$Y=\sum m(1,2,3,5,6,7)$$

（3）最小项的性质。从表 1.5.1 所列出的三变量最小项真值表中可以看出最小项的性质有以下四点。

1）输入变量的任何一组取值仅使其中一组最小项为 1。例如，当 A=1，B=1，C=0 时，$m_6=1$，其他最小项均为 0。

2）全体最小项之和为 1。

3）输入变量的任何一组取值使两个最小项之积为 0。例如，$m_3 \cdot m_6=\overline{A}BC \cdot AB\overline{C}=0$。

4）若两个最小项中只有一个因子不同，则称这两个最小项具有相邻性。具有相邻性的最小项之和可合并成一项，并消去互为相反的因子。例如，$\overline{A}BC+ABC=BC\ (\overline{A}+A)\ =BC$。

2. 逻辑函数的卡诺图表示法

（1）卡诺图。卡诺图是真值表的变形，它用小方块图表示逻辑函数。因为逻辑函数可以表示成最小项之和的形式，而在卡诺图中，每个小方块表示一个最小项，并使具有逻辑相邻性的最小项在几何位置上也相邻地排列起来。n 个变量的全部最小项用 2^n 个小方块来表示，这种图形称为卡诺图。2～4 变量的卡诺图如图 1.5.1 所示。

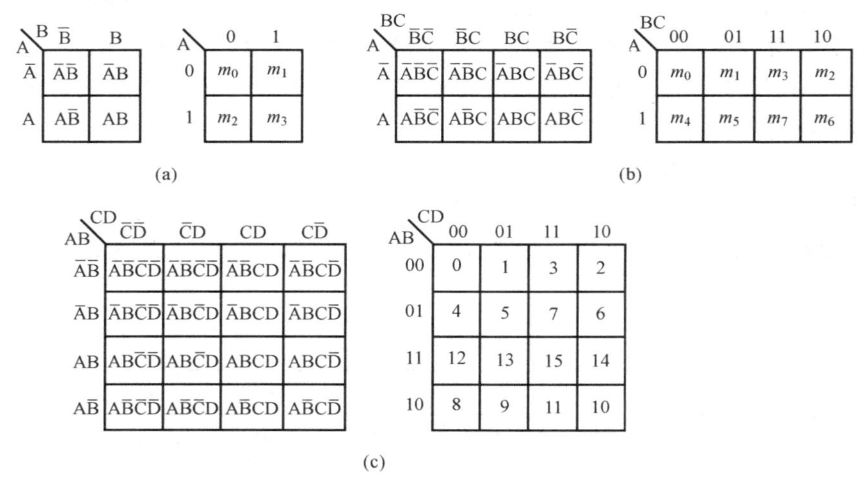

图 1.5.1 2～4 变量卡诺图

（a）2 变量卡诺图；（b）3 变量卡诺图；（c）4 变量卡诺图

现以 3 变量卡诺图为例，说明卡诺图的构成。3 变量（A，B，C）有八个最小项，故卡诺图用八个小方块构成。卡诺图的行表示变量 A，列表示变量 B 和 C 的组合，变量取值顺序保证相邻小方块逻辑相邻。行和列的变量排列起来便得到每一个小方块所对应的最小项。例如，A=1 行，$\overline{B}C$=01 列所对应的最小项是 m_5，即 $A\overline{B}C$。

值得注意的是：卡诺图中除了几何相邻的最小项有逻辑相邻性外，图中每一行或每一列两端的最小项也具有逻辑相邻性。例如，三变量图中，m_0 和 m_2 以及 m_4 和 m_6 相邻；四变量图中 m_1 和 m_9、m_{12} 和 m_{14} 等。

（2）逻辑函数的卡诺图表示。既然任何逻辑函数都可以表示为最小项之和的形式，当然就可以用卡诺图来表示逻辑函数了。具体做法是先把逻辑函数化成最小项之和的形式，然后将函数包含的最小项对应的卡诺图小方块中填入 1，其余小方块填入 0 或空着，得到的即为逻辑函数的卡诺图。

【例 1.5.7】 试用卡诺图表示逻辑函数

$$Y = AB + \overline{A}B + \overline{B}C。$$

解 由［例 1.5.6］可知，这个逻辑函数的最小项表达式为

$$Y = \sum m(1,2,3,5,6,7)$$

其卡诺图如图 1.5.2 所示。

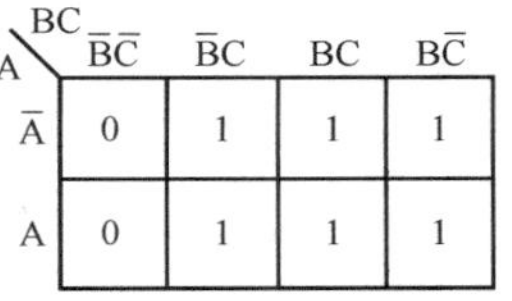

图 1.5.2 ［例 1.5.7］卡诺图

3. 用卡诺图化简逻辑函数

用卡诺图化简逻辑函数时，首先画出逻辑函数的卡诺图，然后合并最小项，最后写出最简的与或表达式，合并最小项的规律如下：

（1）2 个相邻为 1 的最小项可以合并成一个与项，并且消去一个变量。图 1.5.3 表示出合并的几种情况。

由图 1.5.3（a）可知，两个相邻为 1 的最小项之和为

$$\overline{A}\,\overline{B}C + A\overline{B}C = \overline{B}C(A + \overline{A}) = \overline{B}C$$

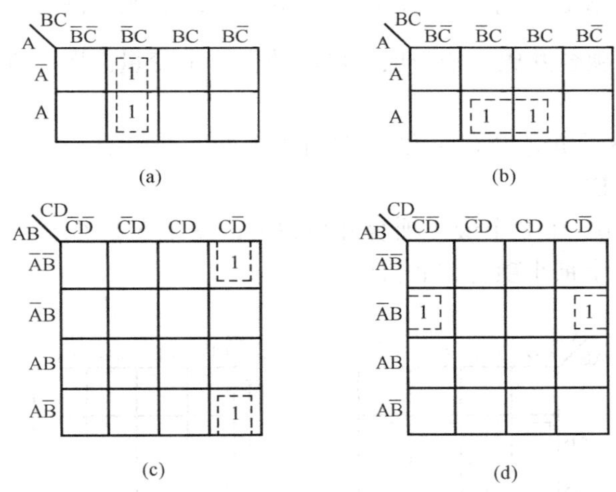

图 1.5.3 2 个相邻最小项的合并

(a) $\overline{A}\,\overline{B}C+A\overline{B}C=\overline{B}C$；(b) $A\overline{B}C+ABC=AC$；(c) $\overline{A}\,\overline{B}C\overline{D}+A\overline{B}C\overline{D}=\overline{B}C\overline{D}$；(d) $\overline{A}B\overline{C}\,\overline{D}+\overline{A}BC\overline{D}=\overline{A}B\overline{D}$

所以，卡诺图中任意两个相邻的 1，可以圈在一起，合并成一个与项，保留了相邻小方块中不变的变量，并消去一个变化的变量。

同理，图 1.5.3（b）中两个最小项合并后得 AC；图 1.5.3（c）中两个最小项合并后得 $\overline{B}C\,\overline{D}$；图 1.5.3（d）中两个最小项合并后得 $\overline{A}B\overline{D}$。

（2）4 个相邻最小项合并成一个与项，可以消去 2 个变量。图 1.5.4 所示为 4 个相邻最小项合并的几种情况。

图 1.5.4（a）中的 4 个最小项的变量 C 的取值 1 不变，变量 A、B 取值变化，因此，消去变量 A、B 得 C。

同理，图 1.5.4（b）中 4 个最小项合并得 $\overline{C}$；图 1.5.4（c）中 4 个最小项合并后得 $\overline{A}B$；图 1.5.4（d）中 4 个最小项合并后得 $\overline{B}\,\overline{D}$。

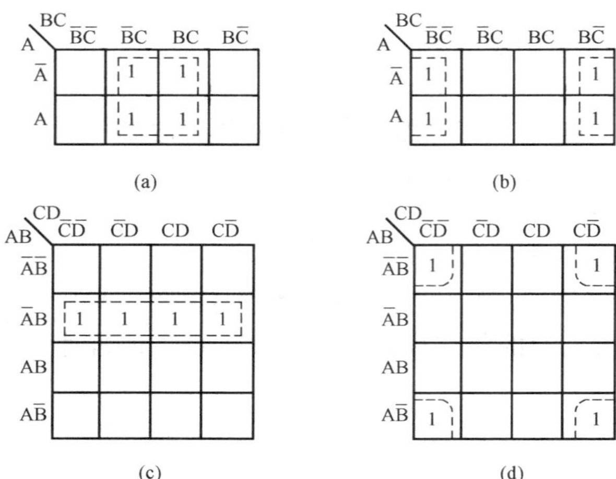

图 1.5.4　4 个相邻最小项的合并

(a) $\overline{A}\overline{B}C+\overline{A}BC+A\overline{B}C+ABC=C$；(b) $\overline{A}\overline{B}\overline{C}+\overline{A}B\overline{C}+A\overline{B}\overline{C}+AB\overline{C}=\overline{C}$；

(c) $\overline{A}B\overline{C}\overline{D}+\overline{A}B\overline{C}D+\overline{A}BC\overline{D}+\overline{A}BCD=\overline{A}B$；(d) $\overline{A}\overline{B}\overline{C}\overline{D}+\overline{A}\overline{B}C\overline{D}+A\overline{B}\overline{C}\overline{D}+A\overline{B}C\overline{D}=\overline{B}\overline{D}$

（3）8 个相邻最小项合并成一个与项，可以消去 3 个变量。图 1.5.5 所示为 8 个相邻最小项合并的几种情况。

图 1.5.5（a）中 8 个最小项的变量 B 取值 1 不变，变量 A、C、D 的取值变化，因此，消去变量 A、C、D 得 B。

同理，图 1.5.5（b）中 8 个最小项合并后得 $\overline{C}$；图 1.5.5（c）中 8 个最小项合并后得 $\overline{B}$；图 1.5.5（d）中 8 个最小项合并后得 $\overline{D}$。

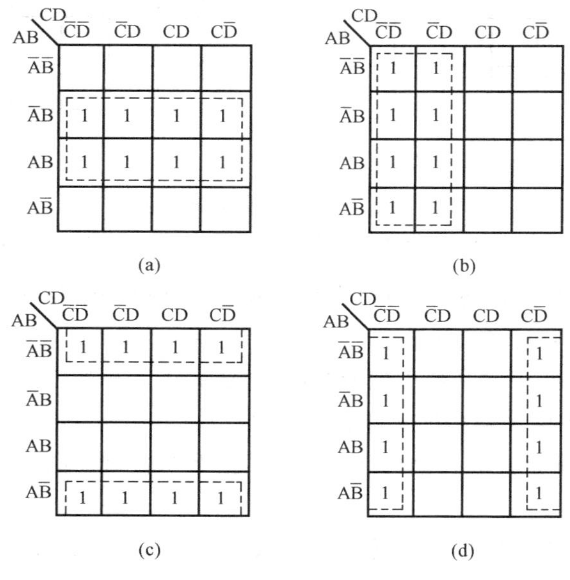

图 1.5.5　8 个相邻最小项的合并

(a) $\sum m$（4，5，6，7，12，13，14，15）$=B$；(b) $\sum m$（0，1，4，5，8，9，12，13）$=\overline{C}$；

(c) $\sum m$（0，1，2，3，8，9，10，11）$=\overline{B}$；(d) $\sum m$（0，2，4，6，8，10，12，14）$=\overline{D}$

【例 1.5.8】 试用卡诺图化简函数

$$Y=AB+\overline{A}B+\overline{B}C。$$

解 （1）画出函数卡诺图。由［例 1.5.7］可知，其卡诺图如图 1.5.2 所示。

（2）合并最小项。按照前面介绍的方法，把可以合并的最小项分别圈起来。由图 1.5.6 可知

$$\sum m\ (1,\ 3,\ 5,\ 7)\ =C$$

$$\sum m\ (2,\ 3,\ 6,\ 7)\ =B$$

其中 m_3 和 m_7 被圈了两次，这是允许的。因为 A＋A＝A，不影响函数值，然而却会使函数获得更简单的结果。

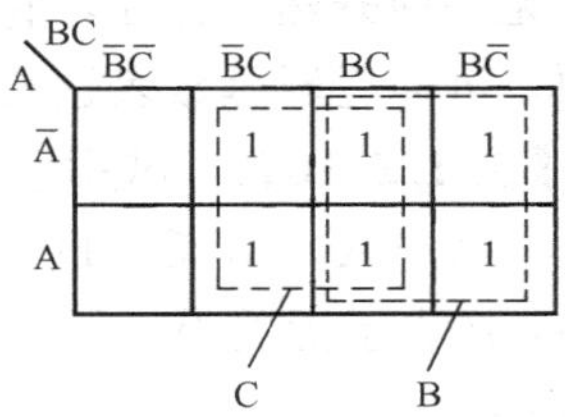

图 1.5.6　［例 1.5.8］图

（3）写出最简单的与或表达式为

$$Y=B+C$$

用卡诺图化简函数时，应注意以下问题：

1）圈 1 时，包围的小方块应尽可能的多，可使公共因子越少，化简结果越简单。注意每个圈包含的最小项个数只能为 2、4、8、16 等，即为 2^R，$R\leqslant n$，n 为函数的变量数。

2）圈 1 时，每一个 1 都可以重复使用，但每一个圈必须包含新的 1，否则得到的与项是冗余项。

3）圈的个数应尽可能少，这样乘积项就越少，化简后结果越简单。但不能漏掉一个为 1 的项，特别要注意孤立的 1，在表达式中应保留其对应的最小项。

4）最简的与或式不一定是唯一的。

【例 1.5.9】 试用卡诺图化简法将函数

$$Y=\overline{(A\oplus C)\ \overline{\overline{B}\ (A\overline{C}\overline{D}+\overline{A}C\overline{D})}}$$

化简成最简与非—与非式。

解 （1）将函数式展开成与或表达式为

$$\begin{aligned}Y&=\overline{(A\oplus C)\ \overline{\overline{B}\ (A\overline{C}\overline{D}+\overline{A}C\overline{D})}}\\&=\overline{A\oplus C}+\overline{B}\ (A\overline{C}\overline{D}+\overline{A}C\overline{D})\\&=\overline{A}\overline{C}+AC+A\overline{B}\overline{C}\overline{D}+\overline{A}\overline{B}C\overline{D}\\&=\overline{A}\overline{C}\ (B+\overline{B})\ (D+\overline{D})\ +AC\ (B+\overline{B})\ (D+\overline{D})\ +A\overline{B}\overline{C}\overline{D}+\overline{A}\overline{B}C\overline{D}\\&=m_0+m_1+m_2+m_4+m_5+m_8+m_{10}+m_{11}+m_{14}+m_{15}\end{aligned}$$

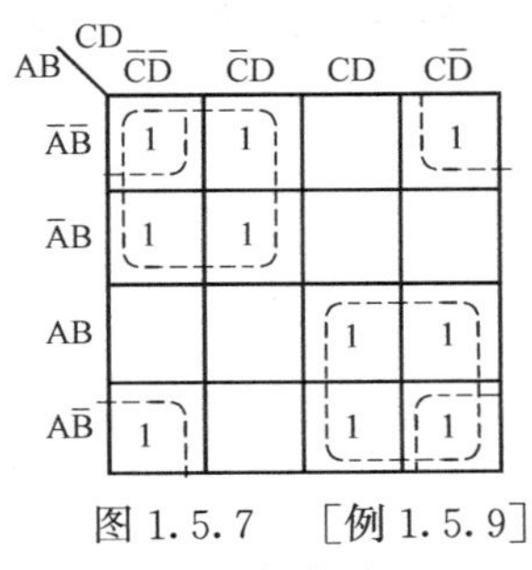

图 1.5.7　［例 1.5.9］卡诺图

（2）画出如图 1.5.7 所示卡诺图。

（3）合并最小项有

$$m_0+m_1+m_4+m_5=\overline{A}\overline{C}$$

$$m_{10}+m_{11}+m_{14}+m_{15}=AC$$

$$m_0+m_2+m_8+m_{10}=\overline{B}\overline{D}$$

（4）写出最简与或表达式为

$$Y=\overline{A}\overline{C}+AC+\overline{B}\overline{D}$$

（5）将函数式两次求反得最简与非—与非表达式为

$$Y=\overline{\overline{\bar{A}\,\bar{C}+AC+\bar{B}\bar{D}}}=\overline{\overline{\bar{A}\,\bar{C}}\cdot\overline{AC}\cdot\overline{\bar{B}\,\bar{D}}}$$

4. 具有无关项的逻辑函数的化简

实际中经常遇到这样的问题，在真值表内，对应于变量的某些取值，函数值可以是任意的，或者变量的这些取值根本不会出现。例如，一位 8421BCD 码是由 4 个变量组成的，但是它的取值只有 0000～1001 十个变量组合，而 1010～1111 六个变量组合是不会出现的。因此，$A\bar{B}C\bar{D}$、$A\bar{B}CD$、$AB\bar{C}\bar{D}$、$AB\bar{C}D$、$ABC\bar{D}$、$ABCD$ 这六个最小项就是 8421BCD 码的无关项。无关项用 X 或 ϕ 表示。

无关项既然不存在，它的值取 1 或取 0 对逻辑函数就没有影响。但是如能合理地利用无关项，可使逻辑函数表达式更加简化。

【例 1.5.10】 试用卡诺图化简 4 变量函数。

$$Y(A,B,C,D)=\sum m(4,6,10,13,15)+\sum d(0,1,2,5,7,8)$$

式中：d 表示无关项。

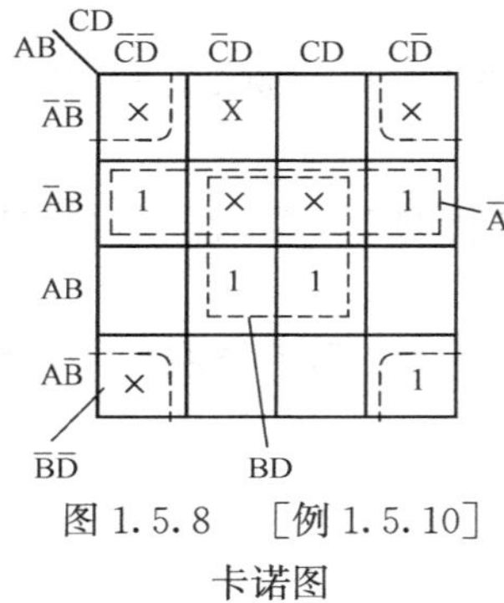

图 1.5.8 ［例 1.5.10］卡诺图

解 （1）画出图 1.5.8 所示卡诺图。

（2）合并最小项。为了画出最大的包围圈，应取无关项 m_0、m_2、m_8 为 1，与 m_{10} 圈在一起得

$$\sum m=(0,2,8,10)=\bar{B}\,\bar{D}$$

取无关项 m_5、m_7 为 1，与 m_{13}、m_{15} 圈在一起得

$$\sum m=(5,7,13,15)=BD$$

取 m_5、m_7 为 1，与 m_4、m_6 合并得

$$\sum m=(4,5,6,7)=\bar{A}B$$

（3）写出最简逻辑函数表达式为

$$Y=\bar{A}B+BD+\bar{B}\,\bar{D}$$

如果不利用无关项，则化简结果为

$$Y=\bar{A}B\bar{D}+ABD+A\bar{B}C\bar{D}$$

由此可见，充分利用无关项进行化简，可以得到更为简单的逻辑函数结果。

习　　题

1.1　试将下列二进制数转换为等值的十进制数，并用 8421BCD 码表示出来：0110，1001，110111，1010111，100011。

1.2　试将下列十进制数转换为等值的二进制数，并用 8421BCD 码表示出来：21，86，222，512，2005，2008。

1.3　试将下列任意进制数转换为十进制数。

$(71)_8$；$(527)_8$；$(4E6)_{16}$；$(2AF)_{16}$

1.4　试将下列数进行数制转换。

（1）二进制转换为八进制数、十进制数和十六进制数。

$(1111011)_2$；$(11001111)_2$；$(110101001001)_2$；

（2）八进制转换为二进制数。

$(23)_8$；$(581)_8$；$(7012)_8$；$(123.6)_8$；

(3) 十六进制转换为二进制数。

$(86)_{16}$；$(3BD)_{16}$；$(47EF)_{16}$；$(23F.45)_{16}$；

1.5　试思考：三极管为什么可以当作开关使用？它的开关特点是什么？

1.6　在图 1.1 中给出了输入电压 A、B、C、D 的波形，试画出各门电路输出电压的波形。

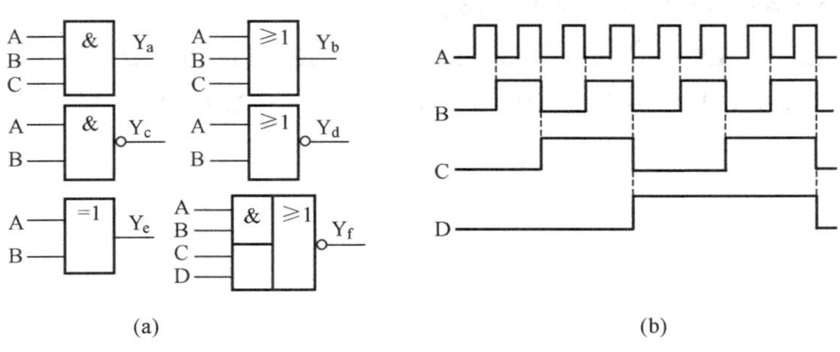

图 1.1　题 1.6 图

1.7　一个逻辑函数的真值表见表 1.1，试写出它的逻辑表达式，并画出逻辑图。

1.8　用示波器测得某逻辑电路 3 个输入端 A、B、C 和一个输出端 Y 的波形如图 1.2 所示，试写出其逻辑表达式，并画出其逻辑电路图。

表 1.1　　题 1.7 表

A	B	C	Y
0	0	0	0
0	0	1	1
0	1	0	1
0	1	1	0
1	0	0	1
1	0	1	0
1	1	0	0
1	1	1	1

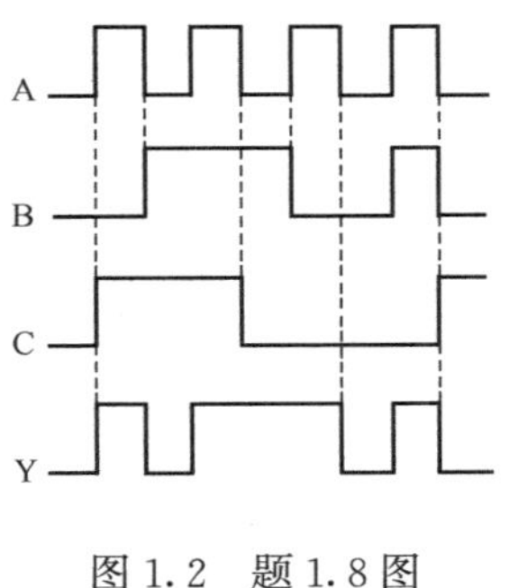

图 1.2　题 1.8 图

1.9　试用真值表验证下列等式：

(1) $A\bar{B}+\bar{A}B=(\bar{A}+\bar{B})(A+B)$；

(2) $\overline{ABCD}=\bar{A}+\bar{B}+\bar{C}+\bar{D}$。

1.10　试用公式法化简下列函数：

(1) $Y_1=A(\bar{A}+B)+B(B+C)+B$；

(2) $Y_2=ABC+\bar{A}+\bar{B}+\bar{C}$；

(3) $Y_3=\overline{\overline{AB+\bar{A}B}\cdot\overline{BC+\bar{B}C}}$；

(4) $Y_4=(A\oplus B)C+ABC+\bar{A}\bar{B}C$；

(5) $Y_5=A\bar{C}+ABC+AC\bar{D}+CD$。

1.11　试用卡诺图化简下列函数：

(1) $Y_1=\bar{A}BC+A\bar{B}C+ABC+\bar{A}\bar{B}C$；

（2）$Y_2=A\overline{B}CD+A\overline{B}+A\,\overline{D}+\overline{A}\,\overline{D}$；

（3）$Y_3=AC\,\overline{D}+AB\,\overline{D}+BC+\overline{A}CD+ABD$；

（4）$Y_4=(A\oplus B)\,C+ABC+\overline{A}BC$；

（5）$Y_5(A,B,C,D)=\sum m(0,2,3,4,5,6,8,14)$；

（6）$Y_6(A,B,C)=\sum m(0,1,2,4,5,6)$。

1.12 试化简下列具有无关项的逻辑函数：

（1）$Y_1(A,B,C,D)=\sum m(2,3,4,7,12,13,14)+\sum d(5,6,8,9,10,11)$；

（2）$Y_2(A,B,C,D)=\sum m(0,1,3,5,8)+\sum d(10,11,12,13,14,15)$。

第 2 章

集成逻辑门电路与组合逻辑电路

前面介绍的各种逻辑门电路都是由电阻、二极管和三极管连接而成的，称为分立元件门电路。在数字电路中，广泛采用数字集成电路。与分立元件相比，它具有体积小、参数稳定、工作可靠、开关速度快等优点。

按照集成度的高低，可将集成电路分为小规模集成电路（简称 SSI）、中规模集成电路（简称 MSI）、大规模集成电路（简称 LSI）和超大规模集成电路（简称 VLSI）。根据制造工艺的不同，又可将集成电路分成双极型（双极型有 TTL）和单极型（单极型有 CMOS）两大类。

2.1 TTL 集成逻辑门电路

TTL 是三极管—三极管逻辑电路的简称。在 TTL 集成逻辑门电路中最常见的门是与非门，在国产 TTL 集成电路中，主要系列产品有 CT74 通用系列、CT74H 高速系列、CT74S 肖特基系列、CT74LS 低功耗肖特基系列、CT74AS 系列和 CT74ALS 系列。CT74AS 系列进一步缩短了传输延迟时间，而 CT74ALS 系列获得了减小功耗、缩短延迟时间的双重收效。下面介绍应用最为广泛使用的 TTL 集成与非门电路，它是构成其他功能集成电路的基本单元。

2.1.1 TTL 与非门

1. 简单的与非门

首先看一个简单具有与非功能的 TTL 电路，如图 2.1.1 所示。图中，V1 为多发射极三极管，有三个发射极和一个基极，每个发射极和基极之间都有一个 PN 结，等效为三个二极管；基极和集电极之间也可等效成一个二极管，因此图 2.1.1（a）电路可等效为图 2.1.1（b）所示电路。由图可见，V1 管和 R_1 组成与门电路，V2 和 R_2 构成非门电路，实现“与非”逻辑功能，其符号如图 2.1.1（c）所示。

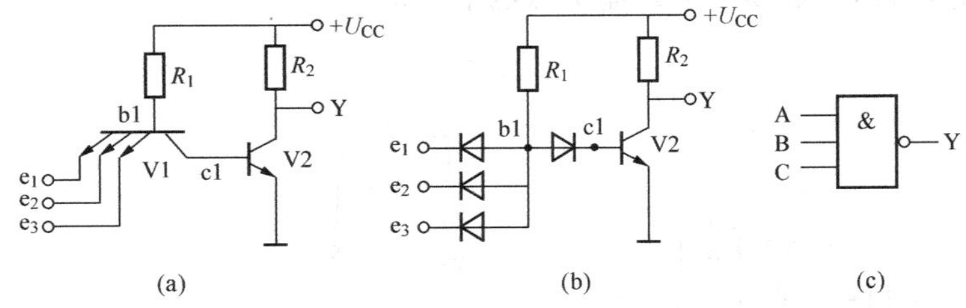

图 2.1.1 简单与非功能的 TTL 电路及等效电路

（a）电路；（b）等效电路；（c）符号

2. 常用的 TTL 与非门

图 2.1.2 所示为标准的 TTL74 系列与非门电路，它由输入级、中间级和输出级三部分构成，A、B、C 为输入端，Y 为输出端。输入信号高电平典型值为 3.6V，低电平典型值为 0.3V。具有与非功能，即 $Y=\overline{ABC}$。

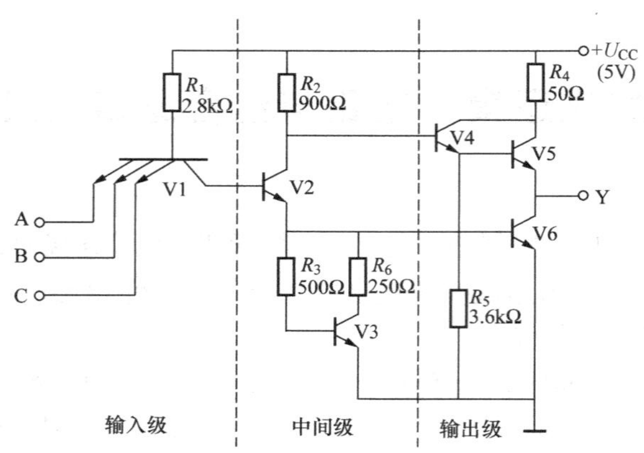

图 2.1.2 TTL 与非门电路

图 2.1.3 所示为两种 TTL 与非门的外引脚排列图，一片集成电路内部的各个与非门互相独立，共用一根电源引线和地线。

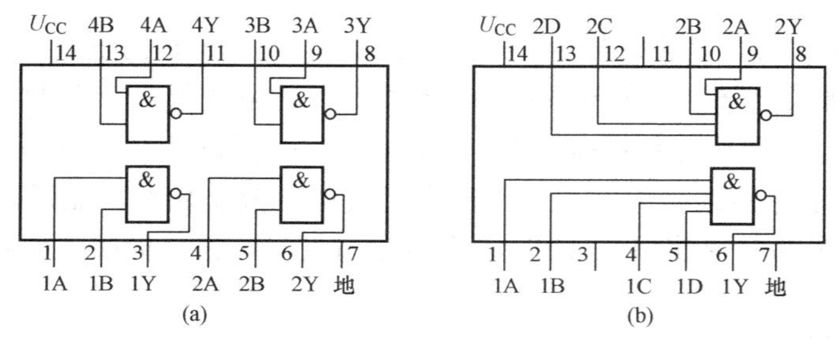

图 2.1.3 TTL 与非门外引脚排列图

(a) 74LS00（2 输入 4 门）；(b) 74LS20（4 输入 2 门）

3. TTL 与非门的电压传输特性

将 TTL 与非门的某一输入端的电压由 0V 逐渐增加到 5V，其他输入端接高电平 5V，测量输出端电位，就得到了图 2.1.4 (b) 所示的电压传输特性。由图可见，当 U_i 从零开始增加，在一定范围内，输出高电平 U_{oH} 保持不变，当 U_i 上升到一定数值后，输出电压迅速下降为低电平 U_{oL}，且 U_i 继续增加，输出低电平保持不变。

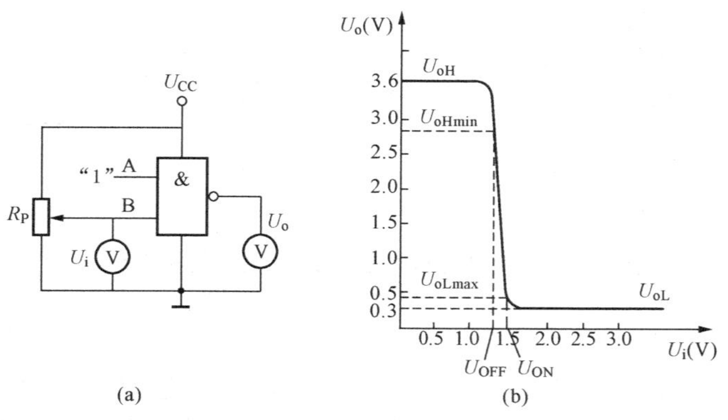

图 2.1.4 TTL 与非门电压传输特性

(a) 测试电路；(b) 电压传输特性

从电压传输特性上不仅可得到 TTL 与非门输出高电平 U_{oH} 和输出低电平 U_{oL}，而且还可求得输入电压 U_i 的开门电平 U_{ON} 和关门电平 U_{OFF}。

4. TTL 与非门的主要参数

表 2.1.1 列出了 TTL 与非门电路的主要参数。使用者应了解这些参数的定义，以便合理地使用它们。

(1) 输出高电平电压 U_{oH}。当与非门有一个或几个输入端接地时的输出电平称为输出高电平。典型值为 3.6V。

(2) 输出低电平电压 U_{oL}。与非门所有输入全接高电平时的输出电平称为输出低电平。典型值为 0.3V。

(3) 输入高电平电压 U_{iH}（开门电平 U_{ON}）。与输出低电平上限值（U_{oLmax}）所对应的输入高电平下限值，称为输入高电平，又称开门电平用 U_{ON} 表示。如 74LS00 输入高电平电压 $U_{iHmin}=2V$。

(4) 输入低电平电压 U_{iL}（关门电平 U_{OFF}）。与输出高电平下限值（U_{oHmin}）所对应的输入低电平上限值，称为输入低电平，又称关门电平用 U_{OFF} 表示。如 74LS00 输入低电平电压 $U_{iLmax}=0.8V$。

(5) 输出高电平电流 I_{oH}。与非门输出高电平时，自输出端流出的电流，即拉电流，称为输出高电平电流。如 74LS00 的 $I_{oHmax}=0.4mA$。

(6) 输出低电平电流 I_{oL}。与非门输出低电平时，自输出端流入的电流，即灌电流，称为输出低电平电流。如 74LS00 的 $I_{oLmax}=4mA$。

(7) 输入高电平电流 I_{iH}。将某一输入端接高电平，而其余输入端接地时，从这一输入端流进与非门的电流称为输入高电平电流。由于高电平电流是自前级与非门流出的拉电流负载，因此希望 I_{iH} 尽量小些。如 74LS00 的输入高电平电流 $I_{iHmax}=20\mu A$。

(8) 输入低电平电流 I_{iL}。当某一输入端接低电平，而其余输入端悬空时，从这一输入端流出与非门的电流称为输入低电平电流。由于低电平电流是自前级与非门流入的灌电流负载，I_{iL} 应尽量小些。如 74LS00 的输入低电平电流 $I_{iLmax}=0.4mA$。

(9) 扇出系数 N_O。扇出系数是指与非门的输出允许带同类门的个数。如 74LS00 输出低电平时的扇出系数 $N_L = I_{oLmax}/I_{iLmax} = 4/0.4 = 10$，输出高电平时的扇出系数 $N_H = I_{oHmax}/I_{iHmax} = 400/20 = 20$，与非门的扇出系数取 N_L、N_H 中最小的。实际与非门扇出系数 $N_O = N_L = I_{oLmax}/I_{iLmax} = 10$。与非门扇出系数越大，表明它带同类门的个数越多。

(10) 低电平电源电流 I_{CCL}。输入端悬空，输出端空载，输出为低电平时的电源电流称为低电平电源电流。$P_D=I_{CCL}V_{CC}$ 为空载导通功耗。此值越小越好。

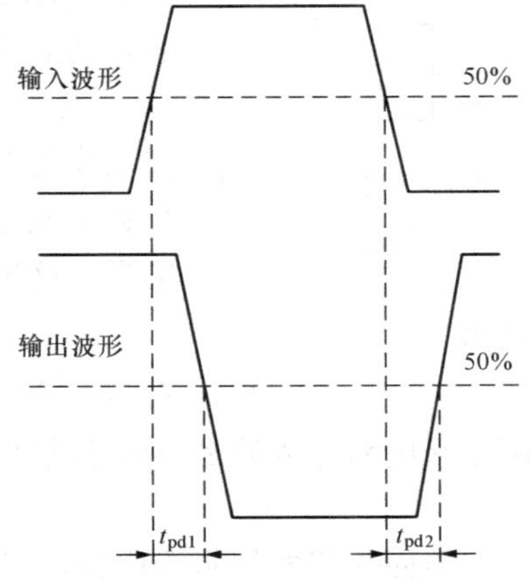

图 2.1.5　传输延迟时间的定义

(11) 平均传输延迟时间 t_{av}。在与非门输入端加一矩形脉冲，则输出波形对于输入波形在时间上将产生一定的延迟，如图 2.1.5 所示，从输入波形上升沿的中点到输出波形下降沿中点的延迟时间为 t_{pd1}，从输入波形下降沿的中点到输出波形上升沿的中点的延迟时间为

t_{pd2}，平均传输时间 t_{av} 为

$$t_{av}=\frac{t_{pd1}+t_{pd2}}{2} \tag{2.1.1}$$

t_{av}是反映波形延迟时间大小的一个参数，同时也反映了与非门的开关速度。t_{av}越小，开关速度越快。

总之，与非门在实际使用中希望：I_{iH}、I_{iL}小一些，I_{oH}、I_{oL}大一些，N_O 扇出系数就大；I_{CCL}小一些，功耗就低；t_{av}小一些，开关速度就快。

表 2.1.1 7400/74H00/74S00/74LS00 系列四二输入 TTL 与非门电路的主要参数

参　数	单位	测 试 条 件	7400	74H00	74S00	74LS00
输入高电平电压 U_{iHmin}	V	U_{CC}=5.5V，U_{iL}=0.8V，I_{oHmax} U_{CC}=4.5V，U_{iH}=2V，I_{oLmax} U_{CC}=5.5V，U_{iH}=U_{oHmin} U_{CC}=5.5V，U_{iL}=U_{oLmax}	2	2	2	2
输入低电平电压 U_{iLmax}	V		0.8	0.8	0.8	0.8
输出高电平电压 U_{oHmin}	V		2.4	2.4	2.7	2.7
输出低电平电压 U_{oLmax}	V		0.4	0.4	0.5	0.5
输入高电平电流 I_{iHmax}	μA		40	50	50	20
输入低电平电流 I_{iLmax}	mA		1.6	2	2	0.4
输出高电平电流 I_{oHmax}	mA		0.4	0.5	1	0.4
输入低电平电流 I_{oLmax}	mA		16	20	20	4
电源平均电流 I_{CCLmax}	mA		22	40	36	4.4
平均传输延迟时间 t_{av}	ns		19	10	5	15

2.1.2 其他类型 TTL 逻辑门电路

在 TTL 数字集成电路中，集电极开路门（简称 OC 门）和三态门是应用比较广泛的电路。

1. 集电极开路与非门（OC 门）

前面介绍的 TTL 与非门使用时不能把几个门电路的输出端并联使用，输出端并联后将造成逻辑混乱或器件的损坏（读者自行分析）。OC 门则适用于将几个门电路的输出端并联在一起时的情况。工作时，需要在输出端 Y 和 U_{CC}之间外接一个上拉负载电阻 R_L，如图 2.1.6 所示。实现与非逻辑功能 $Y=\overline{ABC}$。

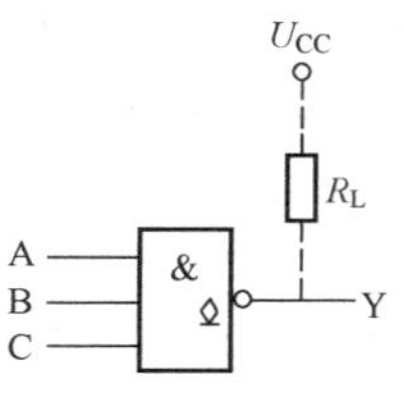

图 2.1.6 TTL OC 门逻辑符号

OC 门在应用中的主要特点是能实现“线与”功能。n 个 OC 门实现线与的电路如图 2.1.7 所示。OC 门只要有一个输出是低电平，Y 就是低电平；只有当每一个 OC 门输出都是高电平时，Y 才是高电平。这种不用与门而完成的与运算称为线与逻辑。电路的逻辑关系式为

$$Y=\overline{A_1B_1}\cdot\overline{A_2B_2}\cdots\overline{A_nB_n}=\overline{A_1B_1+A_2B_2+\cdots+A_nB_n} \tag{2.1.2}$$

实际上该电路完成的是与或非功能。

2. 三态与非门

与前面介绍的与非门比较，三态与非门的输出除了有 1 态和 0 态之外，还有一个“高阻”状态，这时的输出端与外界隔离，呈开路状态，由使能端 EN 来控制。三态门的原理电

路结构和逻辑符号如图 2.1.8 所示。A、B 为输入端，EN（$\overline{EN}$）为使能端（控制端），Y 为输出端。使能端 EN 分为高电平有效和低电平有效两种电路，图 2.1.8（a）电路为低电平有效，即$\overline{EN}$=0 时，电路处于与非逻辑功能 Y=$\overline{AB}$，它的逻辑符号如图 2.1.8（c）所示。

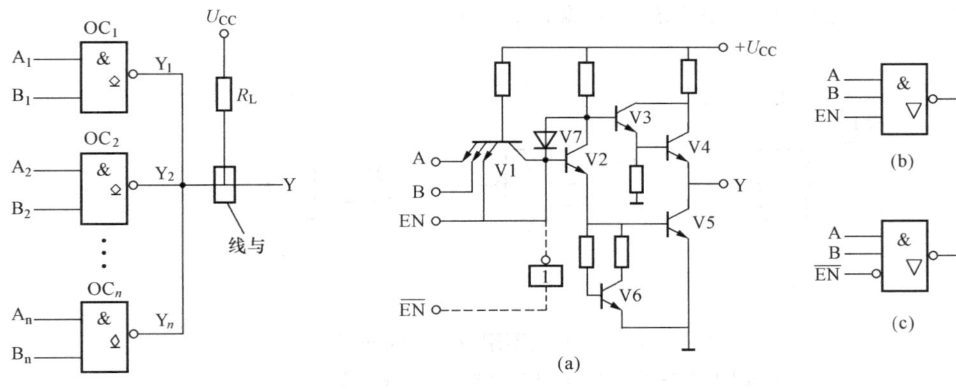

图 2.1.7　n个 OC 门构成的线与电路

图 2.1.8　TTL 三态门原理电路和逻辑符号
（a）电路；（b）EN为 1 有效的逻辑符号；（c）$\overline{EN}$为 0 有效的逻辑符号

三态与非门逻辑符号和对应的逻辑功能见表 2.1.2。

表 2.1.2　三态与非门逻辑符号和对应的逻辑功能表

逻辑图符号	逻辑功能	
A、B、EN 输入，EN 高电平有效，输出 Y	EN=0	Y=高阻（开路）
	EN=1	Y=$\overline{A\cdot B}$
A、B、$\overline{EN}$ 输入，EN 低电平有效，输出 Y	$\overline{EN}$=0	Y=$\overline{A\cdot B}$
	$\overline{EN}$=1	Y=高阻（开路）

由三态门可以构成单向传输数据的总线电路如图 2.1.9（a）所示。这个单向总线是分时传送的总线，每次只能传送 A_0B_0～A_nB_n 中的一个信号。当某个三态门的使能端为 EN=1 时，其对应输入的数据（$\overline{AB}$）传送到总线上，当三态门的使能端都为 EN=0 时，不传送信号，总线与各三态门呈高阻状态。此电路常用作计算机系统中各部件的输出级。

图 2.1.9（b）所示为三态门构成的双向总线。该电路可以实现总线上三态门之间的数据分时双向传送，$\overline{D}_1$ 传送到总线上，总线上数据的“非”传送给 D_2。

2.1.3　TTL 集成门电路使用注意事项

（1）电源：TTL 电路采用 5V 电源。为了防止干扰，一般要在电源和地之间接入滤波电容。

（2）输出端的连接：TTL 电路输出端不允许直接接电源或地，否则将会使电路的逻辑功能混乱并损坏器件。

（3）TTL 电路不用输入端的处理：如图 2.1.10 和图 2.1.11 所示。

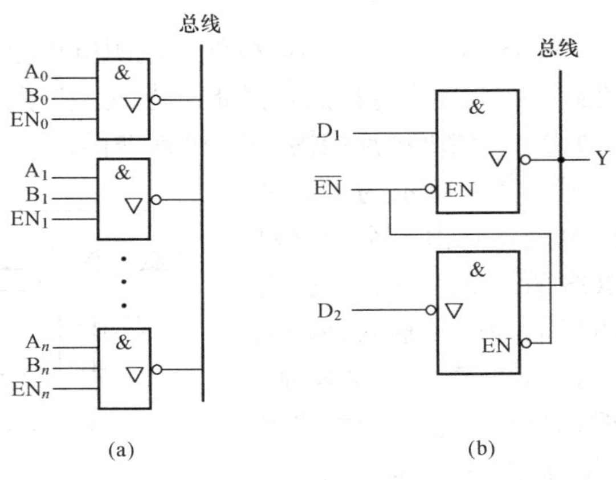

图 2.1.9　三态门用于总线传输
（a）单向传输；（b）双向传输

1）与门和与非门不用的输入端处理有三种方法：①接电源+5V 或通过 1～3kΩ 的电阻

接电源；②与使用端并联，但并联时对信号的驱动电流要求增加了；③与外界干扰很小时，可悬空。

2）或门和或非门不用的输入端处理有两种方法：①接地；②与使用端并联。

与或非门中不用的与门，至少有一个输入端接地。

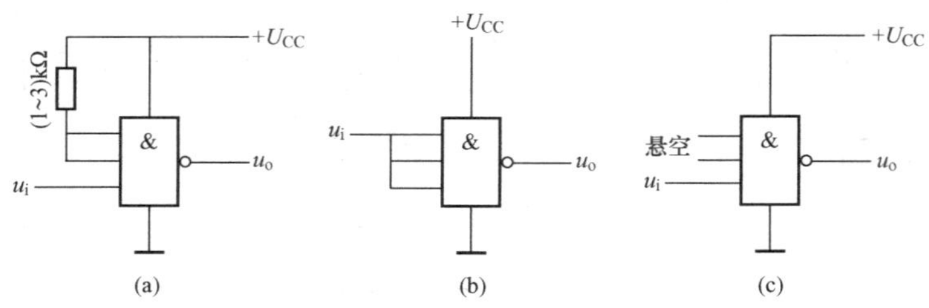

图 2.1.10　与非门不用输入端的处理

（a）通过上拉电阻接正电源；（b）与使用输入端并联；（c）悬空

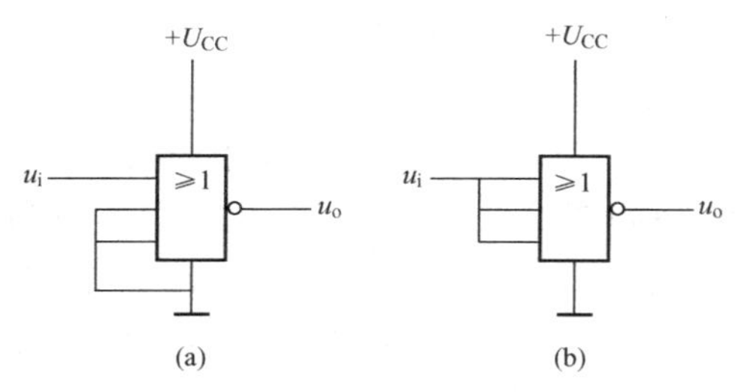

图 2.1.11　或非门不用输入端的处理

（a）接地；（b）与使用输入端并联

（4）负载使用：因 TTL 门灌电流能力较强，因此，如果用 TTL 门驱动较大负载时，应选用灌电流方式，而不宜采用拉电流方式。

（5）输入电阻的选择：在 TTL 电路的应用中，有时需要在门的输入端连接电阻 R。根据实验得知，$R=2\sim10\text{k}\Omega$ 时，相当于输入端悬空；当 $R=0\sim0.7\text{k}\Omega$ 时，相当于输入接地。

（6）操作时切记：严禁带电操作，应在电路切断电源的时候，拔插集成电路，否则容易引起集成电路的损坏。

2.2　CMOS 集成门电路

CMOS 门电路具有功耗极低、电源电压范围宽、输出幅度大、抗干扰能力强、工作稳定性好、集成度高等优点，因此，特别适应于大规模集成。

2.2.1　CMOS 反相器（CC4069 非门）

图 2.2.1 所示为 CMOS 非门电路。它由一个增强型 PMOS 管 VP、一个增强型 NMOS 管 VN 和输入保护电路 V1、V2、V3 和 R 构成。一般选电源 U_{DD} 大于两管开启电压之和，即 $U_{DD}\geqslant U_{GS(th)p}+U_{GS(th)N}$。

当输入 $U_A=0\text{V}$ 时，VP 导通、VN 截止，输出为高

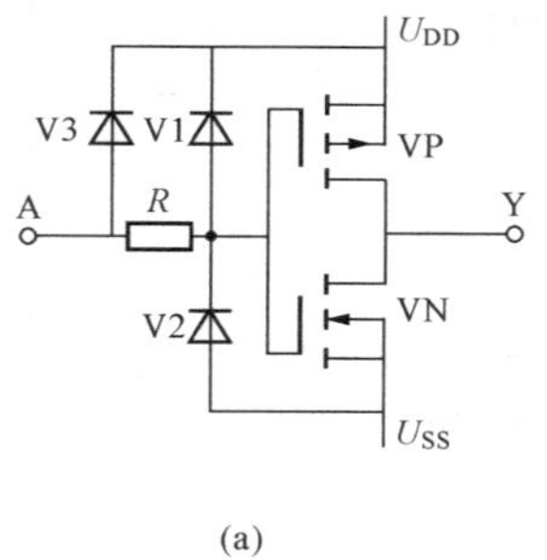

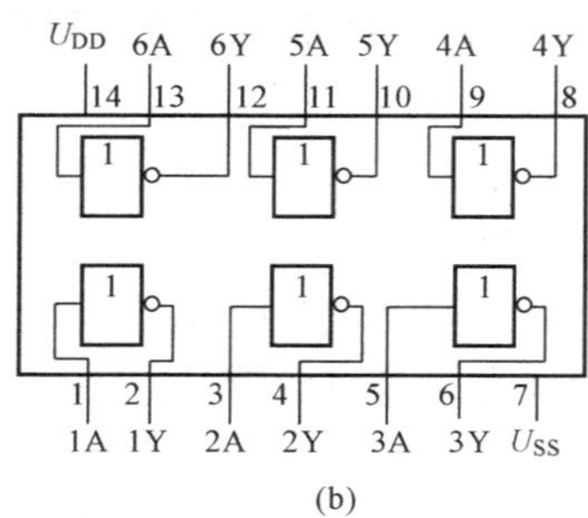

图 2.2.1　CMOS 非门

（a）电路；（b）CC4069 外引脚排列图

电平，$U_{oH}=U_{DD}$。当输入 $U_A=U_{DD}$时，VN 导通、VP 截止，输出为低电平 $U_{oL}=0V$，故该电路实现了逻辑非的功能，即

$$Y=\overline{A} \tag{2.2.1}$$

2.2.2 CMOS 与非门（CC4011 与非门）

图 2.2.2 所示为两输入 CMOS 管与非门电路。它由两个串联的 NMOS 管（VN1 和 VN2）和两个并联的 PMOS 管（VP1 和 VP2）构成。每个输入端 A、B 分别控制一对 PMOS 管和 NMOS 管。

当输入 A、B 中至少有一个为低电平时，与之相连的 NMOS 管截止，PMOS 管导通，输出为高电平。只有当输入 A、B 均为高电平时，才会使串联的两个 NMOS 管全导通，并联的两个 PMOS 管全截止，输出为低电平，故该电路完成了与非门的逻辑功能，即

$$Y=\overline{AB} \tag{2.2.2}$$

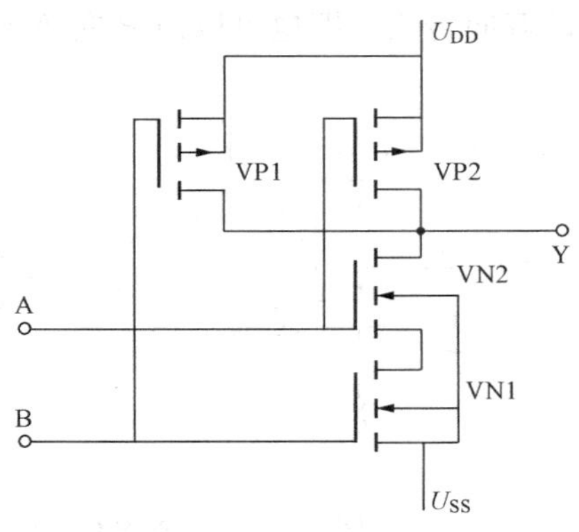

图 2.2.2　CMOS 与非门

可通过串接 NMOS 管，并接 PMOS 管，实现多于两个输入的与非门。

2.2.3 CMOS 或非门（CC4001 或非门）

图 2.2.3 所示为两输入 CMOS 或非门电路，其电路构成正好和 CMOS 与非门相反，由两个 NMOS 管并联，两个 PMOS 管串联构成。

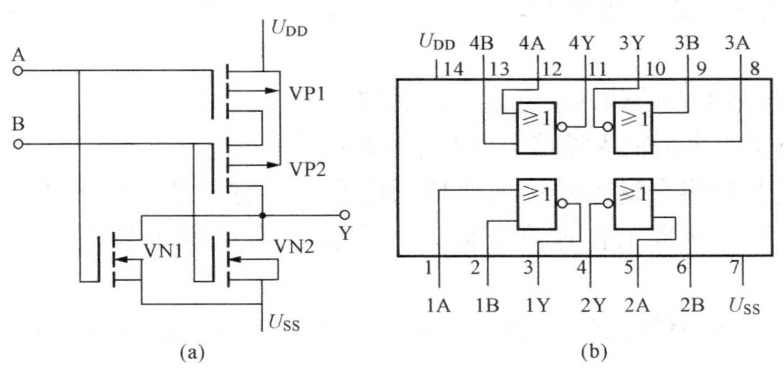

图 2.2.3　CMOS 或非门

(a) 电路图；(b) CC4001 外引脚排列图

当输入 A、B 至少有一个为高电平时，与其相连的 NMOS 管导通，PMOS 管截止，输出为低电平。只有当输入 A、B 全为低电平时，才会使并联的两个 NMOS 管全截止，串联的两个 PMOS 全导通，输出为高电平。故该电路实现了或非门的逻辑功能，即

$$Y=\overline{A+B} \tag{2.2.3}$$

通过串接 PMOS 管、并接 NMOS 管，可实现多于两个输入的或非门。

2.2.4 CMOS 传输门和模拟开关

图 2.2.4 所示为 CMOS 传输门电路和逻辑符号。它由一个 NMOS 管和一个 PMOS 管并联构成。两管源极相连作为输入端 A，漏极相连作为输出端 B，栅极作为控制端 C 和$\overline{C}$。信号电平变化范围为 0～U_{DD}。

当控制端 C=1，$\overline{C}$=0 时，输入信号电平变化范围在 0～U_{DD}，V1 和 V2 至少有一个导通，这样，$U_A=U_B$，信号由 A 传送到 B，即使 $U_o=U_i$。

当控制端 C=0，$\overline{C}$=1 时，V1 和 V2 都截止，相当于 A，B 之间断开，信号不传送。

由以上分析可知，CMOS 传输门是一种控制信号是否通过的电子开关。CMOS 传输门可以双向传输，即也可以由 B 向 A 传送。

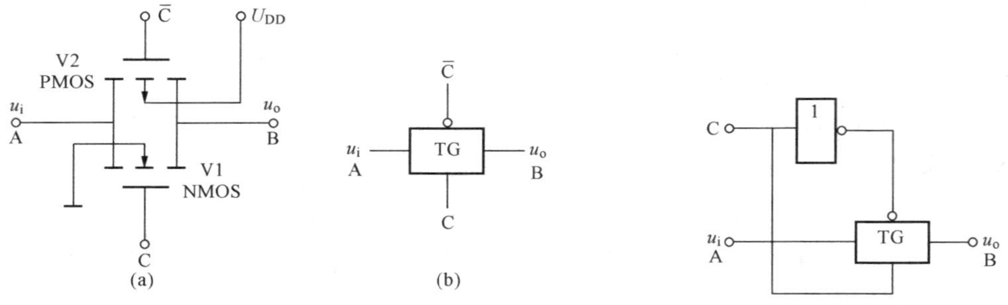

图 2.2.4　CMOS 传输门
(a) 电路；(b) 逻辑符号

图 2.2.5　CMOS 模拟开关

由 CMOS 传输门和一个非门则可构成模拟开关，如图 2.2.5 所示。当 C=1 时，开关闭合，接通 A、B；当 C=0 时，开关断开，A、B 不通。

2.2.5　CMOS 集成门电路使用注意事项

（1）CMOS 集成电路为高输入阻抗器件，在存放和运输中，最好用防静电材料包装。

（2）组装、调试 CMOS 电路时，所有工具、仪表、工作台、服装、手套等注意接地或防静电。

（3）CMOS 电路不用的输入端一定不能悬空：

1）与门和与非门多余输入端接电源 U_{DD} 或高电平；

2）或门和或非门多余输入端接地或接低电平，不宜与使用输入端并联使用，原因是会使输入电容增大，导致工作速度下降，只有在工作速度很低时，才可与输入端并联使用。

（4）CMOS 电路中有输入保护钳位二极管，为防止其过流损坏，对于低内阻信号源，要加限流电阻。

（5）CMOS 电路输出不允许接电源 U_{DD} 或地，而且不同芯片的输出端不能并接。

2.3　组合逻辑电路

数字电路按其功能不同可分为组合逻辑电路和时序逻辑电路。组合逻辑电路在任何时刻的输出信号仅取决于该时刻电路的输入信号，而与电路原来的状态无关。常见的组合逻辑电路有编码器、译码器和数码显示器等。

2.3.1　组合逻辑电路的分析

已知组合逻辑电路，分析逻辑功能，分析步骤如下：

（1）由组合逻辑电路逐级写出各输出端的逻辑表达式；

（2）化简或变换逻辑表达式；

（3）列出真值表；

（4）根据真值表或最简式确定该电路的功能。

下面举例说明。

【例 2.3.1】　试分析图 2.3.1 所示的单输出组合逻辑电路的功能。

解　（1）写出逻辑表达式并化简

$$Y=\overline{\overline{AB}\cdot\overline{\overline{A}\,\overline{B}}}=\overline{\overline{AB}}+\overline{\overline{\overline{A}\,\overline{B}}}=AB+\overline{A}\,\overline{B} \tag{2.3.1}$$

（2）列出真值表。将 A、B 的各种取值代入式（2.3.1）中，便得到输出 Y 的状态，见表 2.3.1。

表 2.3.1　［例 2.3.1］真值表

A	B	Y
0	0	1
0	1	0
1	0	0
1	1	1

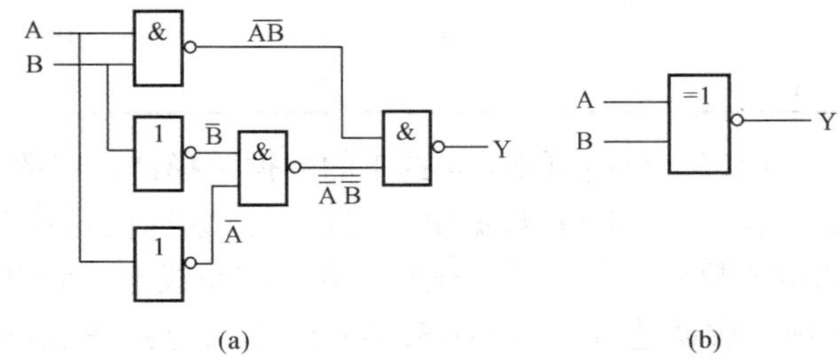

图 2.3.1　［例 2.3.1］逻辑电路

（a）逻辑电路；（b）逻辑符号

（3）分析逻辑功能。由真值表可见，所有电路在输入端 A、B 同为 1 或同为 0 时，输出 Y 为 1，否则 Y 为 0。因此，该电路为同或门，逻辑符号如图 2.3.1（b）所示。

【例 2.3.2】　图 2.3.2 所示为 4 选 1 的数据选择器，试分析其逻辑功能。

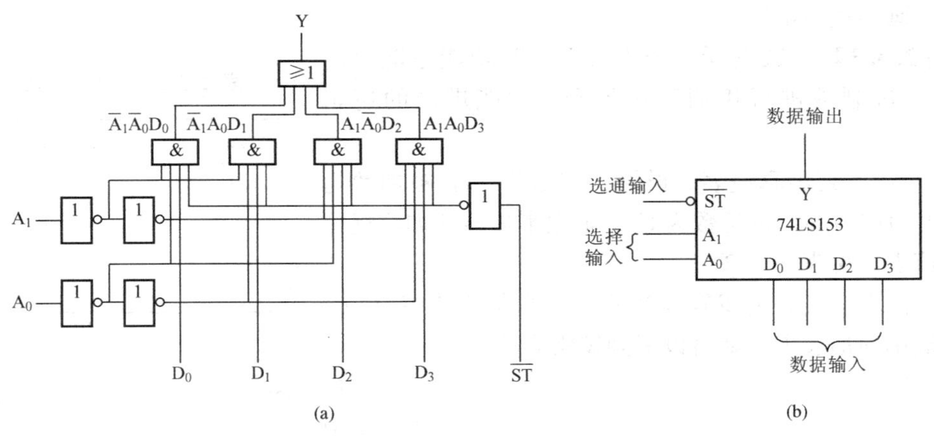

图 2.3.2　4 选 1 的数据选择器

（a）电路图；（b）符号图

解　（1）根据逻辑图写出逻辑表达式为

$$Y=\overline{ST}(A_1A_0D_3+A_1\overline{A_0}D_2+\overline{A_1}A_0D_1+\overline{A_1}\,\overline{A_0}D_0) \tag{2.3.2}$$

（2）列出真值表。为了分析方便，可将输入 A_1 和 A_0 划分为一类（数据选通输入端或地址输入端），输入 D_0、D_1、D_2 和 D_3 划为另一类（数据输入端），Y 为输出，列出表 2.3.2 所示的真值表。表中“×”表示 0、1 皆可的任意状态。由电路分析可得：当$\overline{ST}$=1 时，电路（芯片）没有被选通，芯片不工作；当$\overline{ST}=0$时电路被选通，芯片工作。

表 2.3.2　当$\overline{ST}=0$时 4 选 1 数据选择器的真值表

A_1	A_0	D_0	D_1	D_2	D_3	Y
0	0	0	×	×	×	0
0	0	1	×	×	×	1
0	1	×	0	×	×	0
0	1	×	1	×	×	1
1	0	×	×	0	×	0
1	0	×	×	1	×	1
1	1	×	×	×	0	0
1	1	×	×	×	1	1

（3）分析芯片工作时的逻辑功能，由真值表可见：

当$A_1A_0=00$时，$Y=D_0$，即选择数据D_0作为输出；

当$A_1A_0=01$时，$Y=D_1$，即选择数据D_1作为输出；

当$A_1A_0=10$时，$Y=D_2$，即选择数据D_2作为输出；

当$A_1A_0=11$时，$Y=D_3$，即选择数据D_3作为输出。

由以上分析可知，4 选 1 的数据选择器，在数据选通输入端A_1和A_0的控制下，能够从D_0、D_1、D_2和D_3数据中，选择一路数据信号作为输出。在数字系统中，常常需要把多路通道的数据信号分时传送到公共数据总线上，此电路就具有这种功能。中规模集成电路中的 4 选 1 数据选择器（74LS153）的逻辑电路图和图 2.3.2（a）基本相同，其逻辑符号如图 2.3.2（b）所示。

2.3.2　组合逻辑电路的设计

设计步骤如下：

（1）根据命题的要求确定输入变量和输出变量，从而列出真值表；

（2）由真值表写出逻辑表达式；

（3）化简或变换逻辑表达式；

（4）画出逻辑电路。

【例 2.3.3】　试设计一个半加器。其功能是能对两个 1 位二进制数进行相加而求得和，并能进位的逻辑电路。

表 2.3.3　半加器真值表

A_i	B_i	S_i	C_o
0	0	0	0
0	1	1	0
1	0	1	0
1	1	0	1

解　（1）列出真值表。设输入加数为A_i，被加数为B_i，输出和数为S_i，进位数为C_o。根据半加器的加法规律列出真值表，见表 2.3.3。

（2）由真值表写出逻辑表达式。将真值表中S_i和C_o为 1 的最小项加起来，就可以得到逻辑表达式

$$\left.\begin{aligned}S_i&=\overline{A_i}B_i+A_i\overline{B_i}\\C_o&=A_iB_i\end{aligned}\right\}\qquad(2.3.3)$$

该逻辑表达式已为最简式。

（3）画出逻辑电路图。根据以上的逻辑表达式，画出逻辑图，如图 2.3.3 所示，用一个异或门实现求和S_i运算，用一个与门实现进位C_o运算。半加器的逻辑符号如图 2.3.3（b）所示。

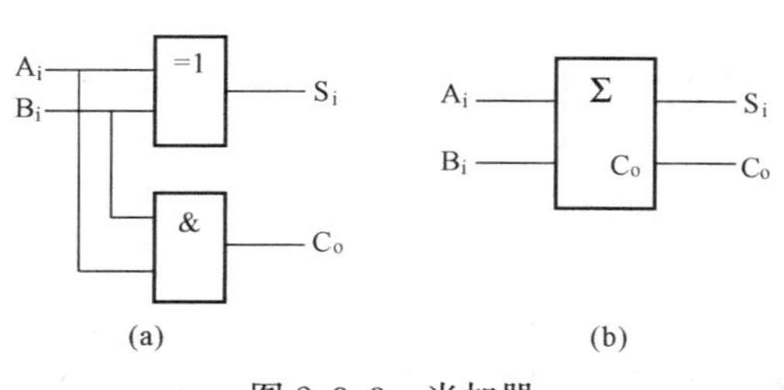

图 2.3.3　半加器
（a）电路；（b）逻辑符号

如果命题中限定使用某种门电路时，就应

该将逻辑表达式变换成所要求的形式。例如限定采用与非门，就应先将表达式变换成“与非与非”形式。

【例 2.3.4】 某抽水站有三台水泵，要求有两台或三台水泵工作时，发出正常信号，否则不发出正常信号，试设计一个能发出正常信号的逻辑电路，并用与非门实现。

表 2.3.4　［例 2.3.4］的真值表

A	B	C	Y
0	0	0	0
0	0	1	0
0	1	0	0
0	1	1	1
1	0	0	0
1	0	1	1
1	1	0	1
1	1	1	1

解　(1) 分析设计要求，列出真值表。设三台水泵用 A、B、C 表示，工作时用 1 表示，不工作用 0 表示；输出用 Y 表示，发出正常信号用 1 表示，否则用 0 表示。由此列出表 2.3.4 所示真值表。

(2) 根据真值表写出输出逻辑函数表达式为

$$Y=\overline{A}BC+A\overline{B}C+AB\overline{C}+ABC$$

(3) 化简输出逻辑函数表达式，并进行变换。用卡诺图化简，如图 2.3.4 所示，求出最简与或表达式为

$$Y=AB+AC+BC$$

将上式变换为与非表达式为

$$Y=\overline{\overline{AB+AC+BC}}=\overline{\overline{AB}\cdot\overline{AC}\cdot\overline{BC}} \qquad (2.3.4)$$

(4) 画出逻辑电路图。由式 (2.3.4) 可画出如图 2.3.5 所示的逻辑电路图。

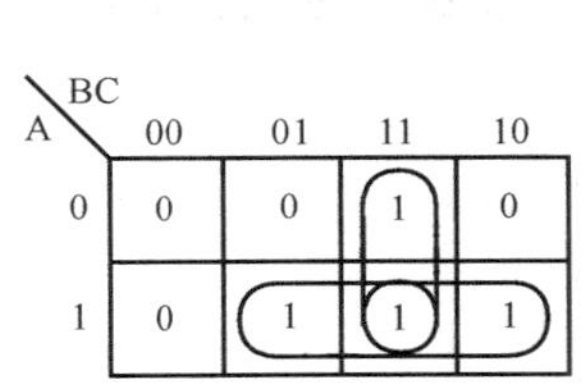

图 2.3.4　［例 2.3.4］的卡诺图

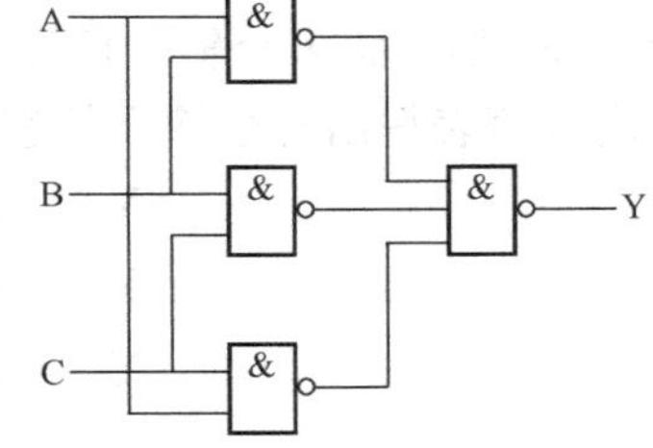

图 2.3.5　［例 2.3.4］的逻辑电路图

【例 2.3.5】 试设计一个能比较两个一位数字大小的数字比较器。

解　(1) 列出真值表。两个数 A 和 B 进行比较，其结果有三种：A>B、A<B 及 A=B。把 A、B 作为输入，三种比较结果分别作为输出 Y_1、Y_2 和 Y_3。当 A>B 时，只有 $Y_1=1$；当 A<B 时，只有 $Y_2=1$；当 A=B 时，只有 $Y_3=1$。因此，可得该比较器的真值表见表 2.3.5。

表 2.3.5　数字比较器真值表

A	B	Y_1 (A>B)	Y_2 (A<B)	Y_3 (A=B)
0	0	0	0	1
0	1	0	1	0
1	0	1	0	0
1	1	0	0	1

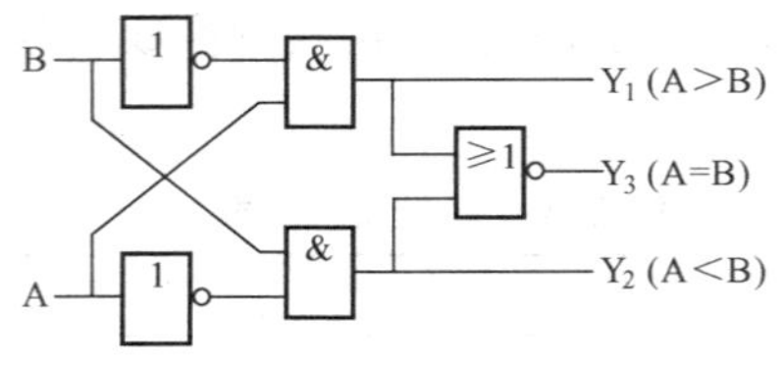

图 2.3.6　数字比较器的逻辑图

（2）由真值表写出逻辑表达式为

$$\left.\begin{aligned} &Y_1 = A\overline{B} \qquad Y_2 = \overline{A}B \\ &Y_3 = \overline{A}\,\overline{B} + AB = \overline{A\overline{B} + \overline{A}B} \end{aligned}\right\} \tag{2.3.5}$$

（3）画出逻辑电路图。根据以上的逻辑表达式，可画出如图 2.3.6 所示的逻辑图。

2.4　编码器、译码器和数码显示器

编码器、译码器和数码显示器是集成数字电路中最常用的组合逻辑部件。本节主要讨论它们的工作原理和使用方法。

2.4.1　编码器

在数字系统中，常用二进制代码，每位二进制数只有 0 和 1 两个数码，将若干个 0 和 1 按照一定规律排列起来组成不同的代码，并赋予每个代码以固定的含义，这个过程称为编码，实现编码操作的电路称为编码器。

按照编码工作的不同，可以将编码器分为二进制编码器、二—十进制编码器和优先编码器等种类。

1. 二进制编码器

用 n 位二进制代码来表示 $N=2^n$ 个信号的电路称为二进制编码器。二进制编码器输入 2^n 个信号，输出为 n 位二进制代码。根据编码器输出代码的位数可分为 3 位二进制编码器，4 位二进制编码器等。现以图 2.4.1 所示的 8 线—3 线编码器为例说明其工作原理。

8 线—3 线编码器是将 8 个输入信号 $I_0 \sim I_7$ 编成对应的 3 位二进制代码输出，其真值表见表 2.4.1。由真值表得出各个输出的逻辑表达式为

$$\left.\begin{aligned} Y_2 &= I_4 + I_5 + I_6 + I_7 \\ Y_1 &= I_2 + I_3 + I_6 + I_7 \\ Y_0 &= I_1 + I_3 + I_5 + I_7 \end{aligned}\right\} \tag{2.4.1}$$

表 2.4.1　　3 位二进制编码器的真值表

输入	输出			输入	输出		
	Y_2	Y_1	Y_0		Y_2	Y_1	Y_0
I_0	0	0	0	I_4	1	0	0
I_1	0	0	1	I_5	1	0	1
I_2	0	1	0	I_6	1	1	0
I_3	0	1	1	I_7	1	1	1

由逻辑表达式分析，8 线—3 线编码器可用三个或门来实现。若要用与非门来构成，则将逻辑表达式转换为与非形式，即

$$\left.\begin{aligned} Y_2 &= \overline{\overline{I_4 + I_5 + I_6 + I_7}} = \overline{\overline{I_4} \cdot \overline{I_5} \cdot \overline{I_6} \cdot \overline{I_7}} \\ Y_1 &= \overline{\overline{I_2 + I_3 + I_6 + I_7}} = \overline{\overline{I_2} \cdot \overline{I_3} \cdot \overline{I_6} \cdot \overline{I_7}} \\ Y_0 &= \overline{\overline{I_1 + I_3 + I_5 + I_7}} = \overline{\overline{I_1} \cdot \overline{I_3} \cdot \overline{I_5} \cdot \overline{I_7}} \end{aligned}\right\} \tag{2.4.2}$$

对应的逻辑电路如图 2.4.1 所示。输入信号一般不允许出现两个或两个以上同时输入。例如，当 $I_1=1$，其余为 0 时，输出为 001；当 $I_2=1$，其余为 0 时，输出为 010；当 $I_7=1$，其余为 0 时，输出为 111。图中 I_0 的编码是隐含的，即当 $I_1 \sim I_7$ 均为 0 时，编码器的输出就是 I_0 的编码 000。

2. 集成编码器

将十进制数 0，1，2，…，9 编为二—十进制代码的组合逻辑电路称为二—十进制编码器。因为输入有 10 个数码，要求有 10 种状态，而 3 位二进制代码只有 8 种组合状态，所以输出需用 4 位（$2^n>10$，取 $n=4$）二进制代码，这种编码器称为 10 线—4 线编码器。

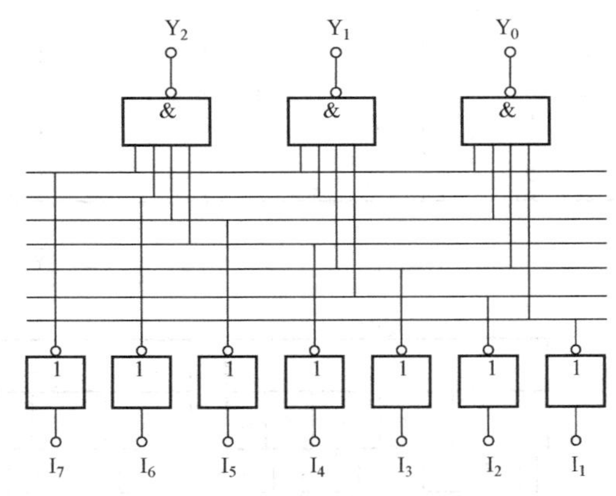

图 2.4.1　三位二进制编码器逻辑电路

目前常用的编码器有普通编码器（如前面已讲过 8 线—3 线编码器）和优先编码器，现以 10 线—4 线（8421BCD 码）优先编码器 74LS147 为例，说明优先编码器的逻辑功能。

图 2.4.2 所示为 8421BCD 码优先编码器 74LS147 的逻辑电路和逻辑符号，其中，$\overline{I_1}$、$\overline{I_2}$、…$\overline{I_9}$分别对应于十进制数的 1～9 九个数，且低电平有效。输出$\overline{Y_3}$、$\overline{Y_2}$、$\overline{Y_1}$、$\overline{Y_0}$（$\overline{Y_3}$为最高位）为 8421BCD 码的反码，其真值表见表 2.4.2。由该表可以看出，它只对输入变量下标数字大的输入信号进行优先编码。由图 2.4.2 逻辑电路可写出它的输出逻辑表达式为

$$\left.\begin{aligned}\overline{Y_3} &= \overline{I_8+I_9}\\ \overline{Y_2} &= \overline{I_7\overline{I_8}\,\overline{I_9}+I_6\overline{I_8}\,\overline{I_9}+I_5\overline{I_8}\,\overline{I_9}+I_4\overline{I_8}\,\overline{I_9}}\\ \overline{Y_1} &= \overline{I_7\overline{I_8}\,\overline{I_9}+I_6\overline{I_8}\,\overline{I_9}+I_3\overline{I_4}\,\overline{I_5}\,\overline{I_8}\,\overline{I_9}+I_2\overline{I_4}\,\overline{I_5}\,\overline{I_8}\,\overline{I_9}}\\ \overline{Y_0} &= \overline{I_9+I_7\overline{I_8}\,\overline{I_9}+I_5\overline{I_6}\,\overline{I_8}\,\overline{I_9}+I_3\overline{I_4}\,\overline{I_6}\,\overline{I_8}\,\overline{I_9}+I_1\overline{I_2}\,\overline{I_4}\,\overline{I_6}\,\overline{I_8}\,\overline{I_9}}\end{aligned}\right\}\qquad(2.4.3)$$

由式（2.4.3）和表 2.4.2 可知：在输入$\overline{I_1}$，$\overline{I_2}$，…，$\overline{I_9}$ 全为 1（都没信号）时，输出$\overline{Y_3}\,\overline{Y_2}\,\overline{Y_1}\,\overline{Y_0}=1111$，其反码 $Y_3Y_2Y_1Y_0=0000$，相当于十进制数 0，所以$\overline{I_0}$ 在逻辑图中被省略掉了。

编码器的输入端按高位优先排队，$\overline{I_9}$ 优先权最高，当$\overline{I_9}$ 为 0 时，不论其他输入端为 0 还是为 1 都被排斥，这时，输出 $\overline{A}\,\overline{B}\,\overline{C}\,\overline{D}=0110$，其反码为 1001；如果$\overline{I_9}=1$、$\overline{I_8}=0$ 时，输出 $\overline{A}\,\overline{B}\,\overline{C}\,\overline{D}=0111$，其反码为 1000，其余类推。

表 2.4.2　　8421BCD 码优先编码器 74LS147 的真值表

输入									输出			
$\overline{I_1}$	$\overline{I_2}$	$\overline{I_3}$	$\overline{I_4}$	$\overline{I_5}$	$\overline{I_6}$	$\overline{I_7}$	$\overline{I_8}$	$\overline{I_9}$	$\overline{A}$	$\overline{B}$	$\overline{C}$	$\overline{D}$
1	1	1	1	1	1	1	1	1	1	1	1	1
×	×	×	×	×	×	×	×	0	0	1	1	0
×	×	×	×	×	×	×	0	1	0	1	1	1
×	×	×	×	×	×	0	1	1	1	0	0	0
×	×	×	×	×	0	1	1	1	1	0	0	1

续表

输入									输出			
$\overline{I}_1$	$\overline{I}_2$	$\overline{I}_3$	$\overline{I}_4$	$\overline{I}_5$	$\overline{I}_6$	$\overline{I}_7$	$\overline{I}_8$	$\overline{I}_9$	$\overline{A}$	$\overline{B}$	$\overline{C}$	$\overline{D}$
×	×	×	×	0	1	1	1	1	1	0	1	0
×	×	×	0	1	1	1	1	1	1	0	1	1
×	×	0	1	1	1	1	1	1	1	1	0	0
×	0	1	1	1	1	1	1	1	1	1	0	1
0	1	1	1	1	1	1	1	1	1	1	1	0

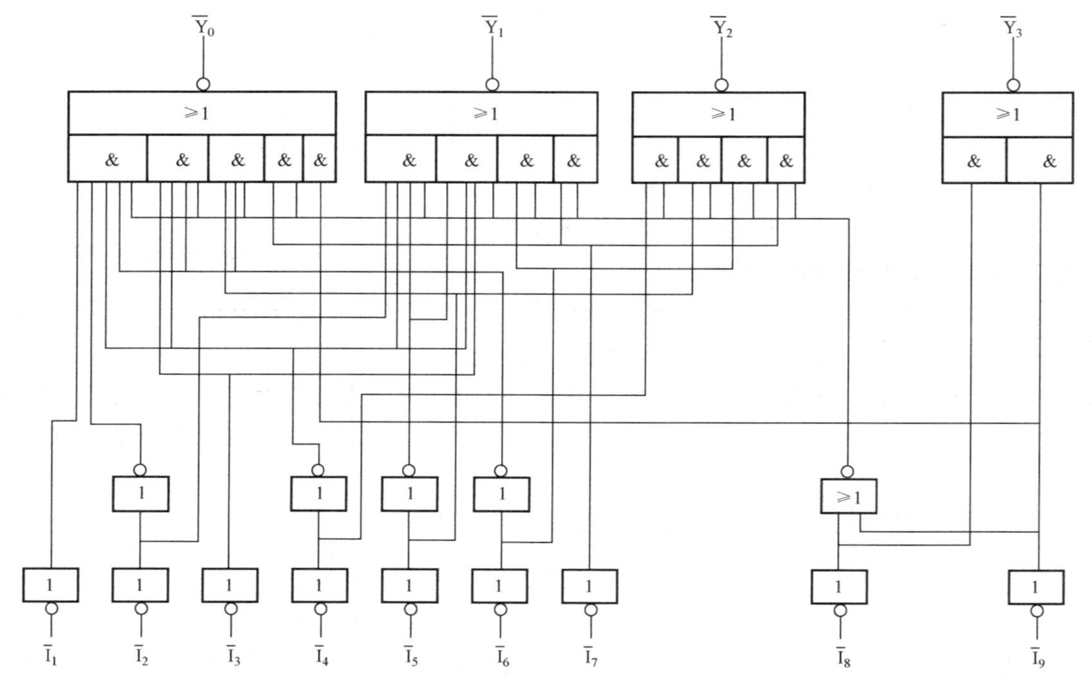

(a)

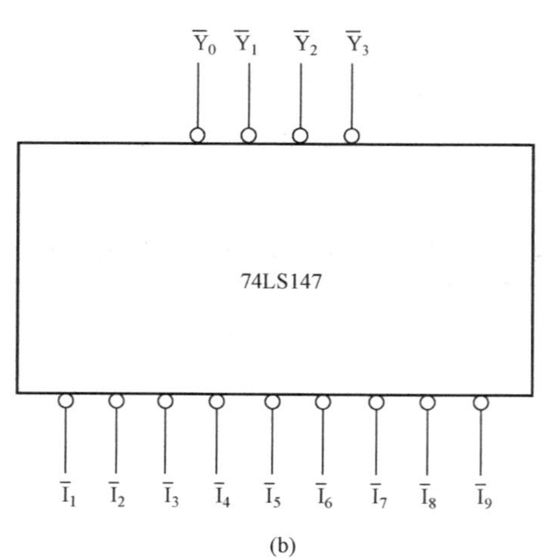

(b)

图 2.4.2　74LS147 编码器

(a) 逻辑电路；(b) 逻辑符号

2.4.2 集成译码器

译码是编码的逆过程，译码器就是一个将表示确定信号或对象的一组代码“翻译”出来的电路。译码器的种类很多，如二进制译码器、二—十进制译码器、显示译码器等，下面介绍它们的逻辑功能及应用。

1. 二进制译码器

将二进制代码的各种状态按其原意译成对应输出的组合逻辑电路，称为二进制译码器。

图 2.4.3 所示为 3 线—8 线译码器 74LS138 的逻辑电路和逻辑符号。S_1、$\overline{S}_2$、$\overline{S}_3$ 为选通输入端，它们所控制的 G 门输出为

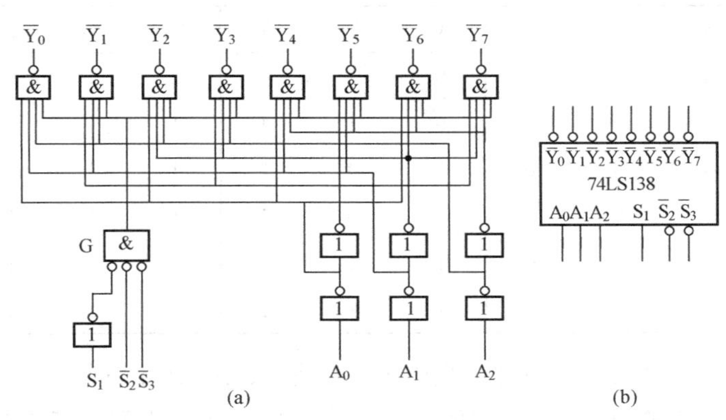

图 2.4.3　74LS138 译码器

(a) 逻辑电路；(b) 逻辑符号

$$Y_G = S_1 \cdot \overline{\overline{S}_2} \cdot \overline{\overline{S}_3} = S_1 \cdot \overline{\overline{S}_2 + \overline{S}_3} \tag{2.4.4}$$

起着对芯片的控制作用。$A_0 \sim A_2$ 为 3 位二进制代码输入端，$\overline{Y_0} \sim \overline{Y_7}$ 为 8 条输出线，故称为 3 线—8 线译码器。译码器输出低电平 0 有效。八个输出逻辑函数表达式为

$$\left.\begin{aligned}
\overline{Y}_0 &= \overline{S_1 \overline{\overline{S}_2 + \overline{S}_3}\, \overline{A}_2\, \overline{A}_1\, \overline{A}_0} \\
\overline{Y}_1 &= \overline{S_1 \overline{\overline{S}_2 + \overline{S}_3}\, \overline{A}_2\, \overline{A}_1 A_0} \\
\overline{Y}_2 &= \overline{S_1 \overline{\overline{S}_2 + \overline{S}_3}\, \overline{A}_2 A_1\, \overline{A}_0} \\
\overline{Y}_3 &= \overline{S_1 \overline{\overline{S}_2 + \overline{S}_3}\, \overline{A}_2 A_1 A_0} \\
\overline{Y}_4 &= \overline{S_1 \overline{\overline{S}_2 + \overline{S}_3} A_2\, \overline{A}_1\, \overline{A}_0} \\
\overline{Y}_5 &= \overline{S_1 \overline{\overline{S}_2 + \overline{S}_3} A_2\, \overline{A}_1 A_0} \\
\overline{Y}_6 &= \overline{S_1 \overline{\overline{S}_2 + \overline{S}_3} A_2 A_1\, \overline{A}_0} \\
\overline{Y}_7 &= \overline{S_1 \overline{\overline{S}_2 + \overline{S}_3} A_2 A_1 A_0}
\end{aligned}\right\} \tag{2.4.5}$$

根据式 (2.4.5) 可列出表 2.4.3 所示的真值表。注意该电路输入高电平有效，输出低电平有效。

表 2.4.3　74LS138 的真值表

输入						输出							
S_1	$\overline{S}_2$	$\overline{S}_3$	A_2	A_1	A_0	$\overline{Y}_0$	$\overline{Y}_1$	$\overline{Y}_2$	$\overline{Y}_3$	$\overline{Y}_4$	$\overline{Y}_5$	$\overline{Y}_6$	$\overline{Y}_7$
×	1	1	×	×	×	1	1	1	1	1	1	1	1
0	×	×	×	×	×	1	1	1	1	1	1	1	1
1	0	0	0	0	0	0	1	1	1	1	1	1	1
1	0	0	0	0	1	1	0	1	1	1	1	1	1

续表

输入						输出							
S_1	$\overline{S}_2$	$\overline{S}_3$	A_2	A_1	A_0	$\overline{Y}_0$	$\overline{Y}_1$	$\overline{Y}_2$	$\overline{Y}_3$	$\overline{Y}_4$	$\overline{Y}_5$	$\overline{Y}_6$	$\overline{Y}_7$
1	0	0	0	1	0	1	1	0	1	1	1	1	1
1	0	0	0	1	1	1	1	1	0	1	1	1	1
1	0	0	1	0	0	1	1	1	1	0	1	1	1
1	0	0	1	0	1	1	1	1	1	1	0	1	1
1	0	0	1	1	0	1	1	1	1	1	1	0	1
1	0	0	1	1	1	1	1	1	1	1	1	1	0

由表 2.4.3 可知，只要 $S_1=0$ 或$\overline{S}_2$、$\overline{S}_3$ 中有一个为 1 时，则 G 门输出为 0，译码器被禁止，无论 $A_0\sim A_2$ 为何值，输出$\overline{Y_0}\sim\overline{Y_7}$均为高电平。只有当 $S_1=1$、$\overline{S}_2=\overline{S}_3=0$ 时，G 门输出 1，译码器才处于工作状态，输入 $A_0\sim A_2$ 可确定输出$\overline{Y_0}\sim\overline{Y_7}$中只有一个是低电平，其他七个是高电平。利用 S_1、$\overline{S}_2$、$\overline{S}_3$ 三个选通输入端可以将多片 74LS138 连接起来以扩展译码器的功能。

【例 2.4.1】 试用两片 3 线—8 线译码器 74LS138 组成 4 线—16 线译码器，将输入的 4 位二进制代码译成 16 个独立的低电平信号$\overline{Y}_0\sim\overline{Y}_{15}$。

解 因 74LS138 仅有 3 个地址输入端 A_2、A_1、A_0。如果想对 4 位二进制代码译码，只有利用一个选通端（S_1、$\overline{S}_2$、$\overline{S}_3$ 当中的一个）作为第四个地址输入端 A_3，电路如图 2.4.4 所示。

由图 2.4.4 可见：当 $A_3=0$ 时低位片（1 片）工作，高位片禁止，将 $A_3A_2A_1A_0$ 的 0000～0111 这 8 个代码译成$\overline{Y}_0\sim\overline{Y}_7$8 个低电平信号。当 $A_3=1$ 时低位片禁止，高位片（2 片）工作，将 $A_3A_2A_1A_0$ 的 1000～1111 这 8 个代码译成$\overline{Y}_8\sim\overline{Y}_{15}$8 个低电平信号，实现了 4 线—16 线译码。

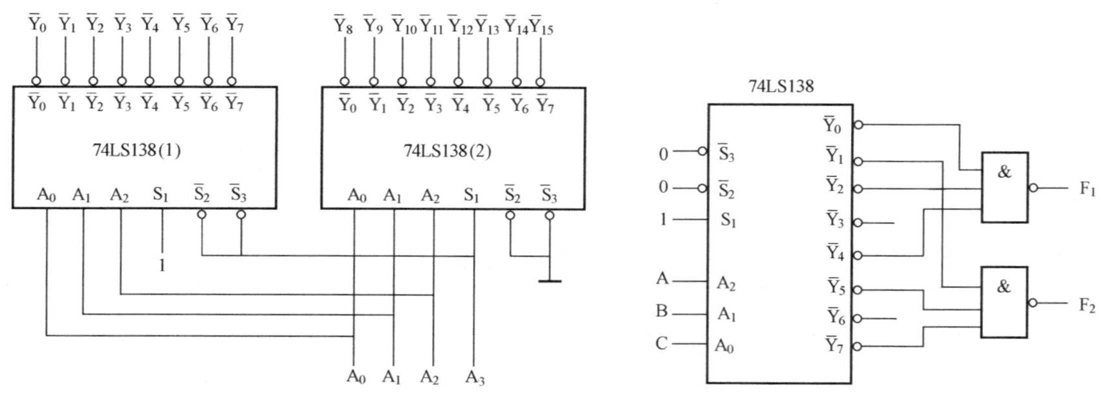

图 2.4.4 4 线—16 线译码器

图 2.4.5 ［例 2.4.2］逻辑电路

【例 2.4.2】 试用 74LS138 实现逻辑函数运算，并写出图 2.4.5 所示逻辑电路 F_1、F_2 的逻辑函数表达式，理解 74LS138 是如何实现逻辑函数运算的。

解 由图 2.4.5 可知选通输入端 $S_1=1$，$\overline{S}_2=\overline{S}_3=0$，电路处于工作状态，$F_1$、$F_2$ 的逻

辑函数表达式为

$$F_1=\overline{\overline{Y_0}\cdot\overline{Y_2}\cdot\overline{Y_4}}=\overline{\overline{\bar{A}\,\bar{B}\,\bar{C}}\cdot\overline{\bar{A}B\bar{C}}\cdot\overline{A\,\bar{B}\,\bar{C}}}=\bar{A}\,\bar{B}\,\bar{C}+\bar{A}B\,\bar{C}+A\,\bar{B}\,\bar{C}$$

$$F_2=\overline{\overline{Y_1}\cdot\overline{Y_5}\cdot\overline{Y_7}}=\overline{\overline{\bar{A}\,\bar{B}C}\cdot\overline{A\,\bar{B}C}\cdot\overline{ABC}}=\bar{A}\,\bar{B}C+A\,\bar{B}C+ABC$$

由此可见，函数 F_1、F_2 分别实现了三变量的逻辑函数运算。

2. 七段显示译码器

在数字系统中，经常需要将数字、文字、符号的二进制代码翻译出来，直观地显示，以便直接地读取或进行监视。数字显示系统包括译码器和数码显示器。在介绍显示译码器之前先介绍一下七段半导体数码管显示器。

（1）七段半导体数码管显示器。图 2.4.6（a）、（b）所示为共阴极七段发光二极管（简称 LED）显示器 BS201A 的符号和等效电路，又称 LED 七段显示器，它的 7 个发光二极管的阴极连接在一起，接到低电平处，阳极分别接到译码器的输出。当某个二极管的阳极接高电平时，对应的段发光，而阳极为低电平的二极管（段）就不亮。二极管发光是由高电平驱动的（但不可以将 a～g 段直接接＋5V 电源，否则烧坏 PN 结）。另一种 LED 七段显示器是共阳极电路如图 2.4.6（c）所示，二极管发光由低电平驱动，如 BS201B 器件。LED 七段显示器的优点是工作电压低（1.5～3V）、体积小、工作可靠性高、寿命长等；缺点是工作电流大，每一段的工作电流在 10mA 左右。目前已有不同类型的产品，用来显示数字、文字和符号，数字显示器正朝向小型化、多位数、平面集成化发展。

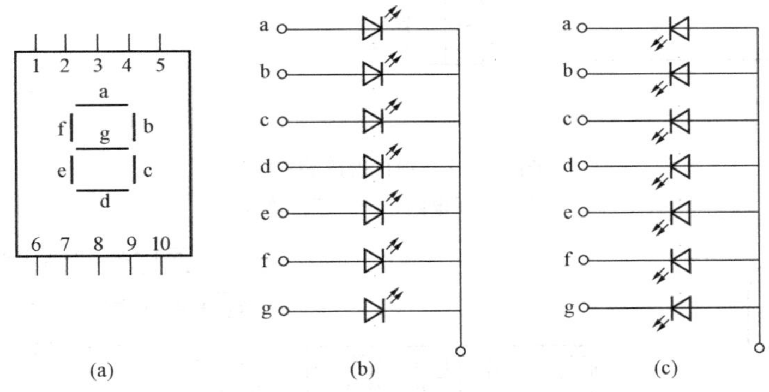

图 2.4.6　半导体数码管

（a）外形；（b）共阴极接法；（c）共阳极接法

（2）集成 BCD—七段显示译码器 74LS248。七段显示译码器 74LS248 的逻辑电路和逻辑符号如图 2.4.7 所示。其功能表见表 2.4.4，输入信号是四位二进制数 $A_3A_2A_1A_0$（也可以是 8421BCD 码），输出端由 $Y_aY_bY_cY_dY_eY_fY_g$ 分别去驱动七段显示器。例如当输入的 8421BCD 码为 0101 时，经译码器译码后，其输出使 a、c、d、f、g 应为高电平，b、e 应为低电平，共阴极显示器便显示 5。

74LS248 与 BS201A 的接法如图 2.4.8（a）所示，当输入由 0000～1111 时，对应的显示字形如图 2.4.8（b）所示。

图 2.4.8 中，集成译码器 74LS248 还有三个选择端，$\overline{LT}$灯测试输入端，$\overline{RBI}$灭零输入端，$\overline{BI}/\overline{RBO}$灭灯输入/灭零输出端。这三个选择端的功能如下：

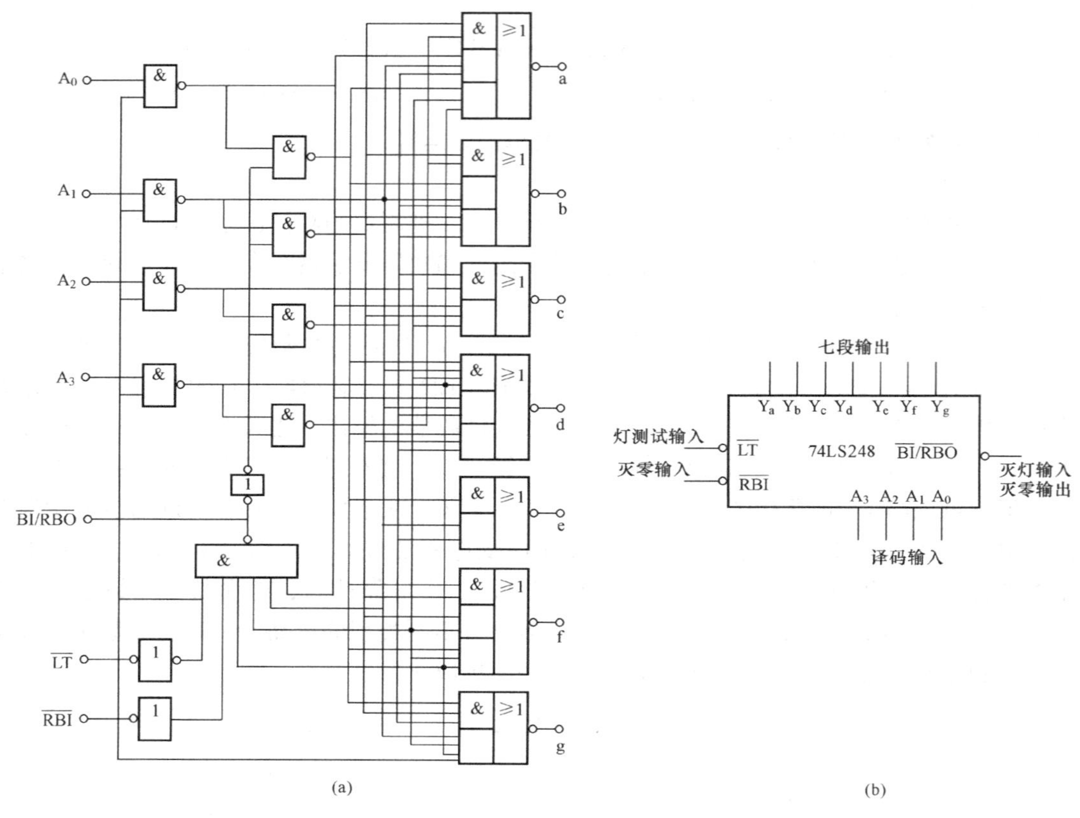

图 2.4.7　74LS248 译码器

（a）逻辑电路；（b）逻辑符号

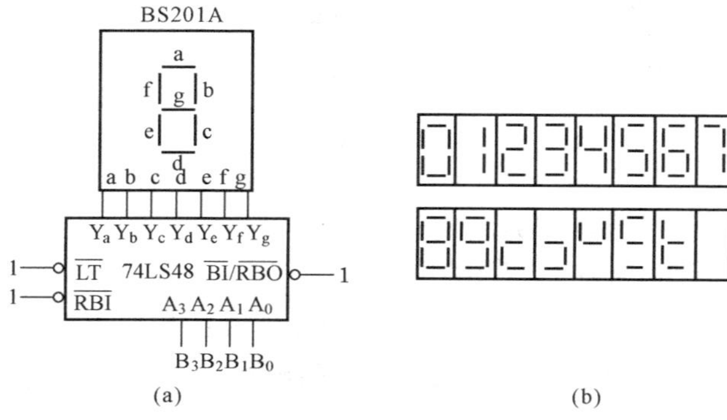

图 2.4.8　七段译码显示器

（a）电路；（b）显示字形

$\overline{LT}$灯测试输入端，低电平有效。当$\overline{LT}=0$时七段发光二极管同时点亮，以检查数码管各段是否正常发光。

$\overline{RBI}$灭零输入端，低电平有效。$\overline{RBI}=0$是为了能把输入为零，但不希望显示的零熄灭。

$\overline{BI}/\overline{RBO}$灭灯输入/灭零输出端，低电平有效，这个端既可作为输入也可作为输出。$\overline{BI}/\overline{RBO}$作输入端使用并接低电平时，则不论其他各输入是什么，a～g 各段均灭，这一功能可以用来控制整体不显示。$\overline{RBO}$作输出端应和$\overline{RBI}$配合使用，当$\overline{RBI}=0$，而且只有 $A_3A_2A_1A_0=0000$ 时，$\overline{RBO}$才会输出低电平。因此，$\overline{RBO}=0$表示译码器已将本来应该显示的零熄灭了。

灭零功能的应用：将$\overline{RBO}$和$\overline{RBI}$配合使用，可以实现多位数码显示器的灭零控制。图 2.4.9 所示为有灭零控制功能的 8 位数码显示系统的示意图。图中将整数部分最高位$\overline{RBI}$接

“0”，最低位$\overline{RBI}$接“1”，其余位是高位的$\overline{RBO}$接低位的$\overline{RBI}$，小数部分是最高位$\overline{RBI}$接“1”，最低位$\overline{RBI}$接“0”，其余位是低位的$\overline{RBO}$接高位的$\overline{RBI}$，这样就可以把前后多余的“0”熄灭。例如：数据为 0086.5600 而仅显示 86.56，使其结果更加醒目。

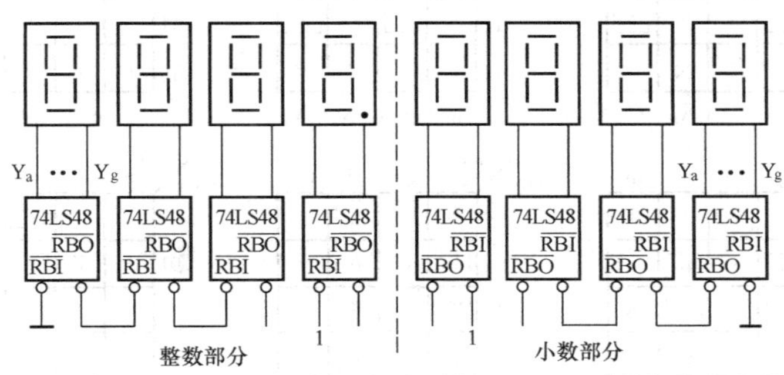

图 2.4.9　8 位数码显示系统

(3) 简介译码器的设计。七段显示译码器应该怎样设计，这只要用前面介绍过的组合电路的设计方法就能实现。对于每个输出逻辑函数，各列出具有 4 个输入 $A_3A_2A_1A_0$ 的真值表；然后画出卡诺图，并进行化简；最后根据化简的结果，用门电路组成译码器的逻辑图。

如采用共阴极显示器，根据图 2.4.7 (a) 所示的分段布置图所列出译码器 7 个输出端和 4 个输入端的 8421BCD 码之间的逻辑关系见表 2.4.4。

表 2.4.4　　74LS248 功 能 表

十进制数	A_3	A_2	A_1	A_0	a	b	c	d	e	f	g	字形
0	0	0	0	0	1	1	1	1	1	1	0	0
1	0	0	0	1	0	1	1	0	0	0	0	1
2	0	0	1	0	1	1	0	1	1	0	1	2
3	0	0	1	1	1	1	1	1	0	0	1	3
4	0	1	0	0	0	1	1	0	0	1	1	4
5	0	1	0	1	1	0	1	1	0	1	1	5
6	0	1	1	0	0	0	1	1	1	1	1	6
7	0	1	1	1	1	1	1	0	0	0	0	7
8	1	0	0	0	1	1	1	1	1	1	1	8
9	1	0	0	1	1	1	1	0	0	1	1	9

由于 8421BCD 码中不会出现 1010～1111 六种状态，故表中未将它们列入，在化简时可作无关项处理。

采用卡诺图化简逻辑函数时，不必先写出化简前的逻辑表达式，可以直接由真值表画出各段的卡诺图如图 2.4.10 所示。

由表 2.4.4 中可见：输出函数 0 态远少于 1 态，例如，Y_a 的 0 态只有 3 个，而 1 态却有 7 个。因此，采用合并 0 求反函数的方法，可以获得比较简单的结果。经化简后得到

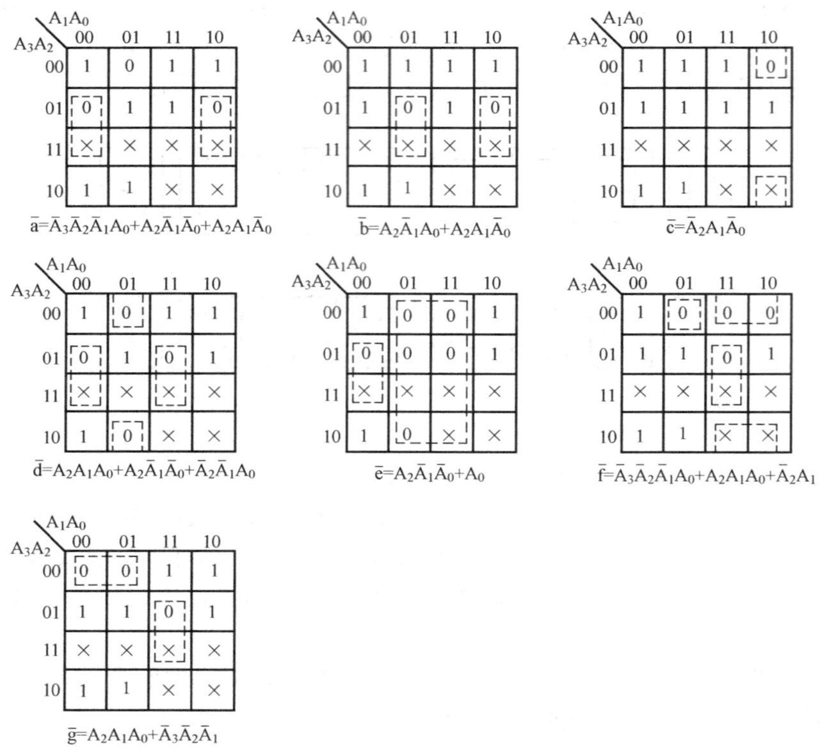

图 2.4.10　七段译码器卡诺图

$$\left.\begin{aligned}
\bar{a} &= \bar{A}_3\bar{A}_2\bar{A}_1A_0+A_2\bar{A}_1\bar{A}_0+A_2A_1\bar{A}_0\\
\bar{b} &= A_2\bar{A}_1A_0+A_2A_1\bar{A}_0\\
\bar{c} &= \bar{A}_2A_1\bar{A}_0\\
\bar{d} &= A_2A_1A_0+A_2\bar{A}_1\bar{A}_0+\bar{A}_2\bar{A}_1A_0\\
\bar{e} &= A_2\bar{A}_1\bar{A}_0+A_0\\
\bar{f} &= \bar{A}_3\bar{A}_2\bar{A}_1A_0+A_2A_1A_0+\bar{A}_2A_1\\
\bar{g} &= A_2A_1A_0+\bar{A}_3\bar{A}_2\bar{A}_1
\end{aligned}\right\}\qquad(2.4.6)$$

应当指出的是某些函数，例如，$\bar{a}$、$\bar{e}$、$\bar{f}$的化简结果并不是最简单的。为什么不作进一步化简呢？这是因为它们和其他函数包含有相同的乘积项，可以用更少的乘积项组成这一组多输出逻辑函数。这样，用来产生这些乘积项的门电路相应减少，从而实现了整体的化简。如果要得到逻辑函数 a、b、c、d、e、f、g 的表达式，可对其（$\bar{a}\sim\bar{g}$）对应的反函数再求反即可。对应的逻辑电路可自行画出。

2.5　数据选择器和数据分配器

2.5.1　数据选择器

数据选择器又称多路选择器或多路开关，它是多个输入、单个输出的组合逻辑电路，其基本功能是从来自不同地址的多路数字信息中任意选出一路信息作为输出。常用的数据选择器有 4 选 1 数据选择器 74LS153 和 8 选 1 数据选择器 74LS151 等。

1. 4 选 1 数据选择器 74LS153

图 2.5.1 所示为 74LS153 逻辑电路和逻辑符号，其功能见表 2.5.1。一片 74LS153 中包含两个 4 选 1 数据选择器，它们有公共的地址输入端（选择变量端）A_1A_0，而选通信号$\overline{ST}$（低电平有效）、$D_3D_2D_1D_0$ 数据输入端和 Y 输出端是各自独立的。由功能表可知，输出 Y 的逻辑函数表达式为

表 2.5.1　74LS153 的功能表

输入							输出
$\overline{ST}$	A_1	A_0	D_0	D_1	D_2	D_3	Y
1	×	×	×	×	×	×	0
0	0	0	0	×	×	×	0
0	0	0	1	×	×	×	1
0	0	1	×	0	×	×	0
0	0	1	×	1	×	×	1
0	1	0	×	×	0	×	0
0	1	0	×	×	1	×	1
0	1	1	×	×	×	0	0
0	1	1	×	×	×	1	1

$$Y=\overline{ST}\,(\overline{A}_1\,\overline{A}_0D_0+\overline{A}_1A_0D_1+A_1\,\overline{A}_0D_2+A_1A_0\,D_3)=\overline{ST}\,(m_0D_0+m_1D_1+m_2D_2+m_3D_3)=\overline{ST}\sum_{i=0}^{3}m_iD_i \quad (2.5.1)$$

式中，m_i 是 A_1、A_0 构成的最小项。

当选通信号$\overline{ST}=0$，若 A_1A_0 分别为 11，10，01，00 时，可分别把数据 $D_3D_2D_1D_0$ 送到输出端 Y。当$\overline{ST}=1$ 时，Y=0 无数据输出。

2. 8 选 1 数据选择器 74LS151

图 2.5.2 所示为 74LS151 逻辑符号，其功能见表 2.5.2。它有一个选通信号$\overline{ST}$，8 个数据输入变量 $D_0 \sim D_7$，3 个地址输入端 $A_2A_1A_0$，两个互补输出 Y 和$\overline{Y}$。输出逻辑函数表达式可根据表 2.5.2 写出。当选通信号$\overline{ST}=1$ 时，选择器被禁止，Y=0，输入数据和地址均不起作用。当$\overline{ST}=0$ 时，选择器被选中，表达式为

$$Y=\overline{A}_2\,\overline{A}_1\,\overline{A}_0D_0+\overline{A}_2\,\overline{A}_1A_0D_1+\overline{A}_2A_1\,\overline{A}_0D_2+\overline{A}_2A_1A_0D_3+A_2\,\overline{A}_1\,\overline{A}_0D_4+A_2\,\overline{A}_1A_0D_5+A_2A_1\,\overline{A}_0D_6+A_2A_1A_0D_7=\sum_{i=0}^{7}m_iD_i \quad (2.5.2)$$

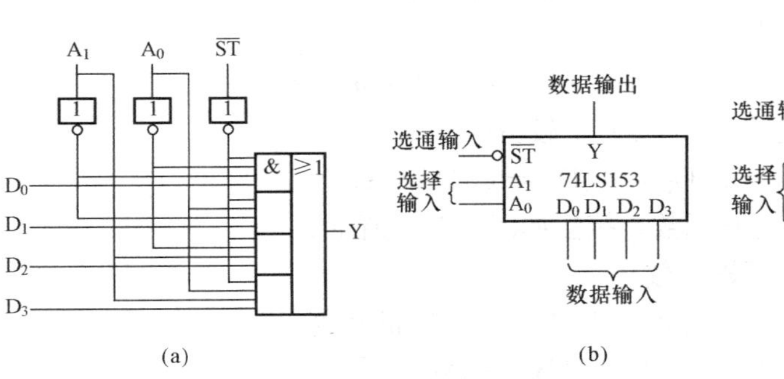

图 2.5.1　74LS153 逻辑电路及符号

（a）逻辑电路；（b）逻辑符号

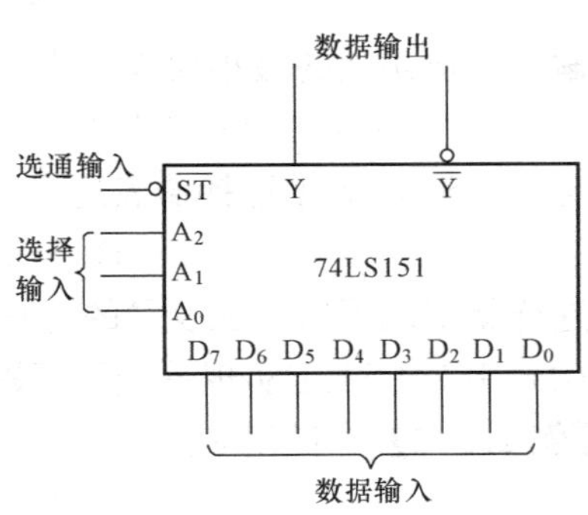

图 2.5.2　74LS151 逻辑符号

表 2.5.2 74LS151 的功能表

输入				输出	
$\overline{ST}$	A_2	A_1	A_0	Y	$\overline{Y}$
1	×	×	×	0	1
0	0	0	0	D_0	$\overline{D_0}$
0	0	0	1	D_1	$\overline{D_1}$
0	0	1	0	D_2	$\overline{D_2}$
0	0	1	1	D_3	$\overline{D_3}$
0	1	0	0	D_4	$\overline{D_4}$
0	1	0	1	D_5	$\overline{D_5}$
0	1	1	0	D_6	$\overline{D_6}$
0	1	1	1	D_7	$\overline{D_7}$

3. 数据选择器的应用

数据选择器除了实现有选择的传送数据外，还可利用数据选择器涉及其他组合逻辑电路。

(1) 用 74LS153 实现两变量逻辑函数。设计方法是：首先把逻辑函数表达式化成最小项表达式，然后和数据选择器的逻辑函数表达式进行比较，求出数据选择器各个输入端 D_i 的状态是 0 或是 1。

【例 2.5.1】 试用 74LS153 数据选择器实现逻辑函数

$$Y = \overline{A}B + A\overline{B} + AB$$

解 将数据选择器的$\overline{ST}$端接 0，用地址输入端 A_1、A_0 表示函数 Y 的输入变量 A、B，即 $A_1 = A$，$A_0 = B$ 与式（2.5.1）比较：

$$\begin{aligned} Y &= \overline{A}B + A\overline{B} + AB \\ &= m_0 \cdot 0 + m_1 \cdot 1 + m_2 \cdot 1 + m_3 \cdot 1 \end{aligned}$$

式中，m 是输入变量 A、B 的最小项。而数据选择器的逻辑函数表达式

$$\begin{aligned} Y &= \overline{A}_1\,\overline{A}_0 D_0 + \overline{A}_1 A_0 D_1 + A_1\,\overline{A}_0 D_2 + A_1 A_0 D_3 \\ &= m_0 D_0 + m_1 D_1 + m_2 D_2 + m_3 D_3 \end{aligned}$$

比较方法是将函数 Y 中有的最小项对应数据输入端 D_3、D_2、D_1 接 1，没有的最小项对应数据输入端 D_0 接 0，则输出端就是逻辑函数输出，接法如图 2.5.3 所示。

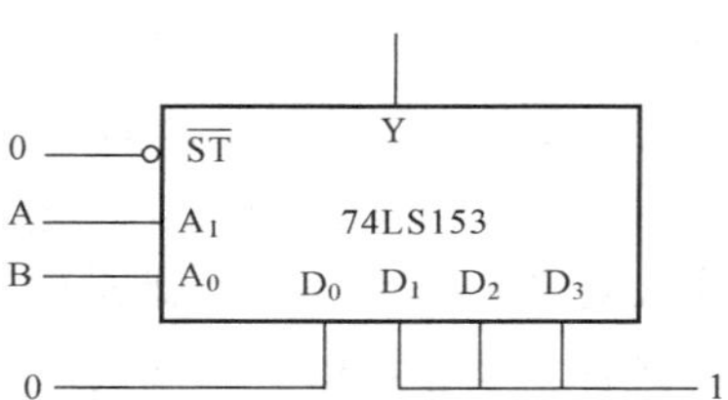

图 2.5.3 用 74LS153 实现两变量逻辑函数电路图

(2) 用 74LS153 实现三变量逻辑函数。逻辑函数的变量数多于数据选择器的地址输入端数，可以将逻辑函数中的多余变量 C 分离出来，作为引入变量加到数据输入端，具体方法是：写出表达式进行比较，求出数据选择器各数据输入端 D_i 的表达式。

【例 2.5.2】 试用 74LS153 实现三变量逻辑函数

$$Y = A\overline{B}C + AB\overline{C} + \overline{A}B$$

解 写出函数的最小项表达式

$$Y = \overline{A}B + A\overline{B}C + AB\overline{C} = m_0 \cdot 0 + m_1 \cdot 1 + m_2 \cdot C + m_3 \cdot \overline{C}$$

与 74*LS*153 数据选择器表达式（2.5.1）比较得

$$D_0 = 0、D_1 = 1、D_2 = C、D_3 = \overline{C}$$

这样就实现了以上三变量的逻辑函数，接法如图 2.5.4 所示。

(3) 用 74LS151 实现三变量逻辑函数。

【例 2.5.3】 试用 8 选 1 数据选择器 74LS151 实现逻辑函数

$$Y = A\overline{B}C + AB\overline{C} + \overline{A}BC$$

解 由于逻辑函数的变量数等于数据输入端数，所以将逻辑函数式写成最小项表达式

$$Y = \overline{A}BC + A\overline{B}C + AB\overline{C} = m_3 + m_5 + m_6$$

与式（2.5.2）比较得

$$D_3 = 1、D_5 = 1、D_6 = 1$$

$$D_7 = D_4 = D_2 = D_1 = D_0 = 0$$

接法如图 2.5.5 所示。

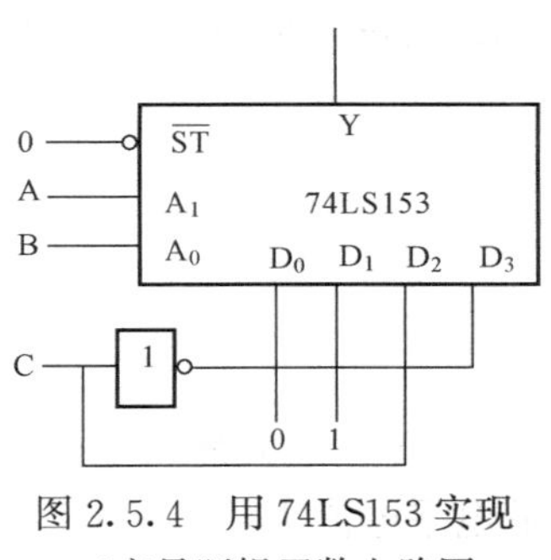

图 2.5.4　用 74LS153 实现三变量逻辑函数电路图

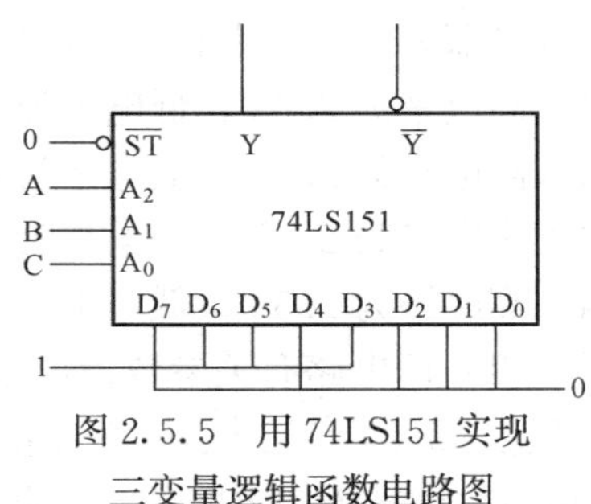

图 2.5.5　用 74LS151 实现三变量逻辑函数电路图

2.5.2　数据分配器

数据分配器是数据选择器的逆过程。在数据传输系统中，有时需将一路数据分配到不同的数据通道上，实现这种功能的电路称为数据分配器，也称多路分配器。通常数据分配器有 1 路输入线，n 根选择控制线和 2^n 根输出线，称为 1 路—2^n 路数据分配器。

3 线—8 线译码器 74LS138 可以作 1 路至 8 路的数据分配器，三个地址输入 $A_2A_1A_0$ 用作 3 个控制线（选通变量输入），8 个译码输出 $\overline{Y_0}$～$\overline{Y_7}$ 用作八个数据输出，三个选通输入 S_1、$\overline{S_2}$、$\overline{S_3}$ 中的一个可以改作数据输入端，例如 $\overline{S_3}$ 选作数据端 D。由式（2.4.3）可知，把 $S_1=1$、$\overline{S_2}=0$，当 $A_2A_1A_0=000$ 时，选中 $\overline{Y_0}$，把输入数据 $\overline{S_3}=D$ 分配到 $\overline{Y_0}$ 端，即 $\overline{Y_0}=D$。当 $A_2A_1A_0=001$ 时，$\overline{Y_1}=D$。其余类推。图 2.5.6 所示为 74LS138 作 1 路—8 路数据分配器时的逻辑符号。

【例 2.5.4】　试利用数据选择器与数据分配器实现多通路数据分时传送。

解　数据选择器与数据分配器配合使用，可以构成数据传送系统，其主要特点是可以用很少几根线实现多路数字信息分时传送。电路如图 2.5.7 所示。发送端由数据选择器将各路数据分时传送到唯一的公共总线上。接受端由数据分配器将总线上的数据适时地分配到相应的输出端。这样在数据信号传送时可以减少传输线的数目。

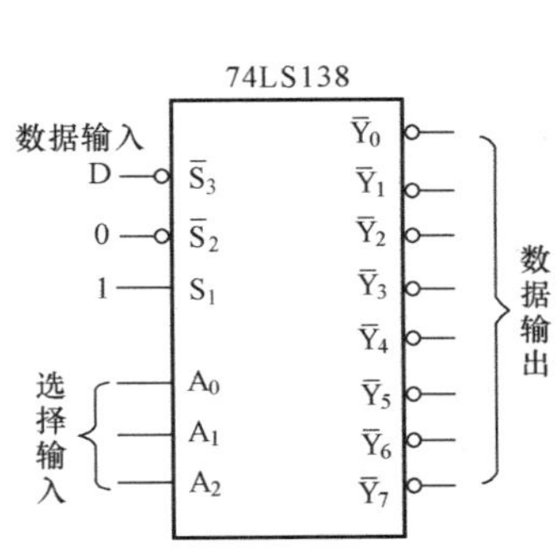

图 2.5.6　1 路—8 路数据分配器

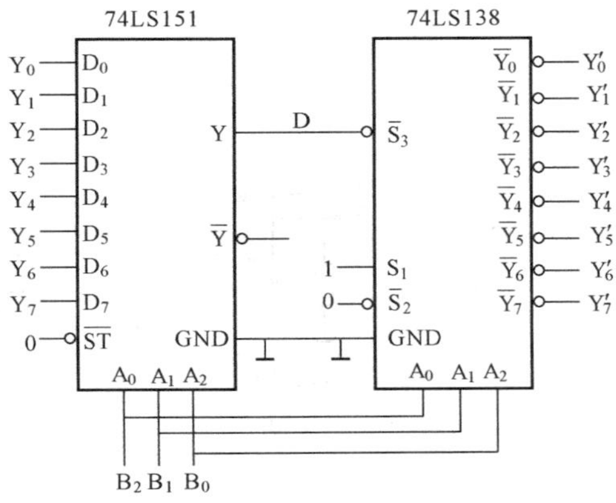

图 2.5.7　多通路数据分时传送电路

习　　题

2.1 试分析图 2.1 所示的 TTL（7400）电路在下列输入高、低电平的条件下，是否可以正常工作（参照表 2.1.1 中有关参数）。

（1）输入高电平为 2.5V，低电平为 1.0V；

（2）输入高电平为 2.0V，低电平为 0.5V；

（3）输入高电平为 2.0V，低电平为 1.0V；

（4）输入高电平为 2.5V，低电平为 0.5V。

2.2 某 TTL 门电路有关参数为：输出低电平 $U_{oL}\leqslant 0.4V$，最大灌入电流 $I_{oL}=10mA$；输出高电平 $U_{oH}\geqslant 2.6V$，最大拉电流 $I_{oH}=1mA$，输入低电平电流 $I_{iL}\leqslant 1.0mA$，输入高电平电流 $I_{iH}\leqslant 80\mu A$。试求该门电路的扇出系数 N_0。

2.3 如果实际应用需要 TTL 电路满足平均传输延迟时间 $t_{av}\leqslant 5ns$，功耗小于 20mW，那么应选用什么系列的 TTL 集成电路?

2.4 试说明下列电路是否允许将多个门输出端直接相连后输出 Y：推拉式输出级的 TTL 门电路、TTLOC 门电路、TTL 三态门电路。

2.5 试说明 TTL 与非门的不用输入端为什么可以悬空，而或非门的不用输入端要接地?

2.6 试说明 TTL 门电路驱动较大负载，选用灌电流方式的原因。

2.7 图 2.1 所示的 TTL 门电路中，实现下列要求的功能时，其连接有无错误? 如有错请改正。

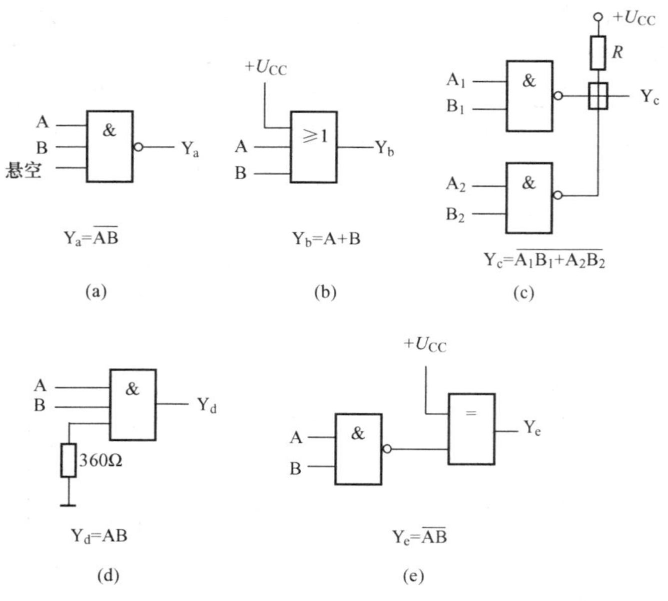

图 2.1 题 2.7 图

2.8 试判断图 2.2 所示 TTL 三态门电路能否正常工作? 如有错请改正。

2.9　使用 CMOS 电路应注意什么问题？

2.10　为什么实际 CMOS 与非门和或非门的参数和非门相同？

2.11　图 2.3 中各逻辑门都是 CMOS 电路，指出它们的输出是高电平还是低电平？

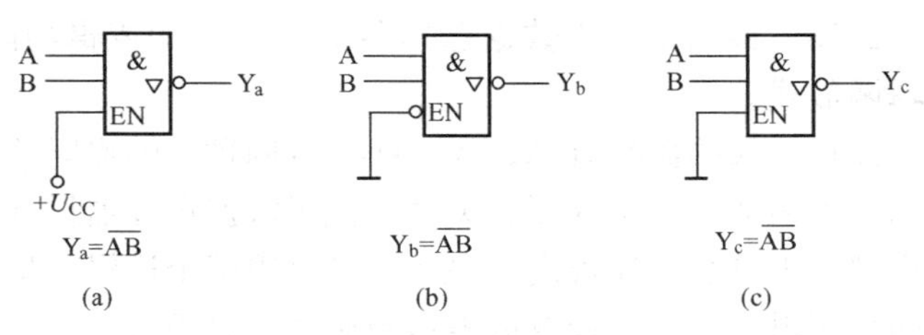

图 2.2　题 2.8 图

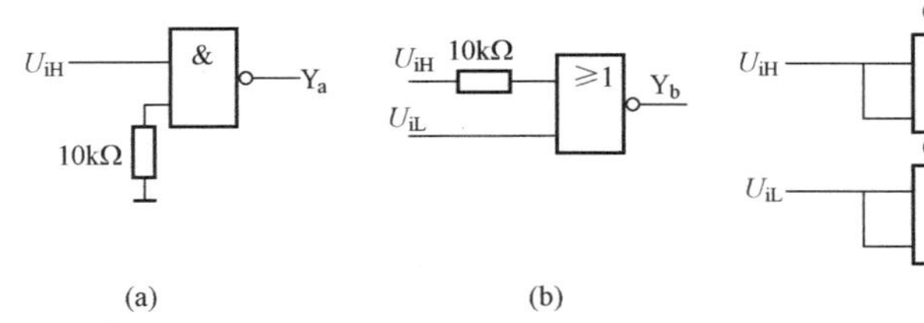

图 2.3　题 2.11 图

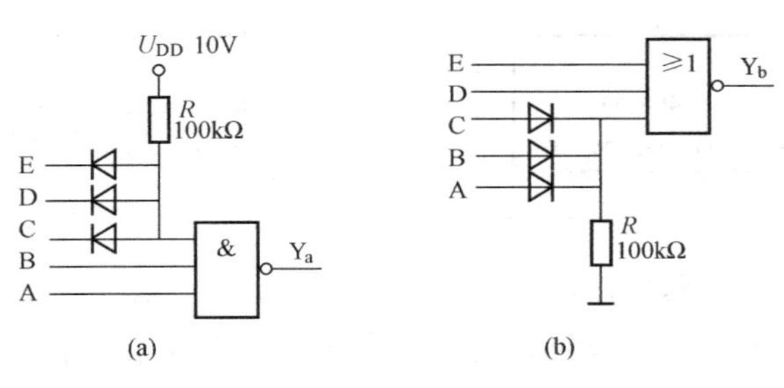

图 2.4　题 2.12 图

2.12　在 CMOS 门电路中，有时采用图 2.4 所示的方法扩展输入端。试分析它们的逻辑功能，试写出 Y_a、Y_b 的逻辑表达式（假设二极管的正向压降为 0.7V）。

2.13　试述组合门电路的分析方法和设计方法。

2.14　试分析图 2.5 所示组合门电路的逻辑功能，写出逻辑函数表达式，列出真值表，并指出该电路完成什么逻辑功能。

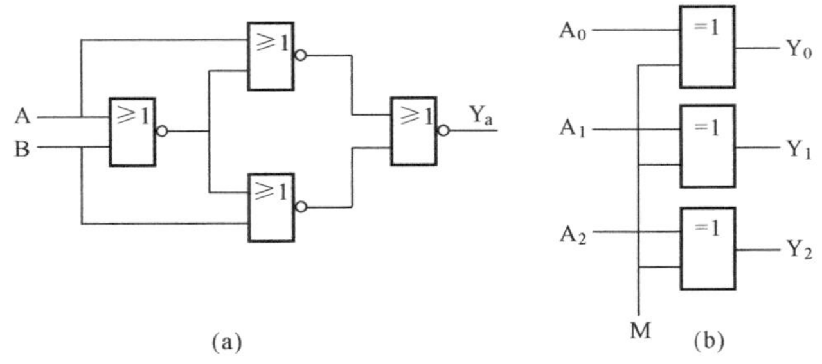

图 2.5　题 2.14 图

2.15　试用与非门设计一个三人表决电路，若多数赞成则表决通过输出为 1，否则输出为 0。

2.16　试用与非门和非门设计能实现下面逻辑功能的组合逻辑电路：

（1）输出为 4 位 8421 BCD 码，其能被 2 整除时输出为 1，否则为 0。

（2）输入为 4 位 8421 BCD 码，其能被 5 整除时输出为 1，否则为 0。

2.17　图 2.6 所示为一个多功能函数发生器。试写出当 $S_0S_1S_2S_3$ 为 0000～1111 十六种不同组合状态时输出 Y 的表达式。

2.18 根据 4 选 1 数据选择器 74LS153 的逻辑功能，试写出图 2.7 所示电路输出 Y 的逻辑函数式。

2.19 人的血型有 A、B、AB、O 四种。输血时输血者的血型与受血者的血型必须符合图 2.8 中用箭头指示的授受关系。试用数据选择器设计一个逻辑电路，判断输血者与受血者的血型是否符合上述规定（提示：可以用两个逻辑变量的 4 种取值表示输血者的血型。用另外两个逻辑变量的 4 种取值表示受血者的血型）。

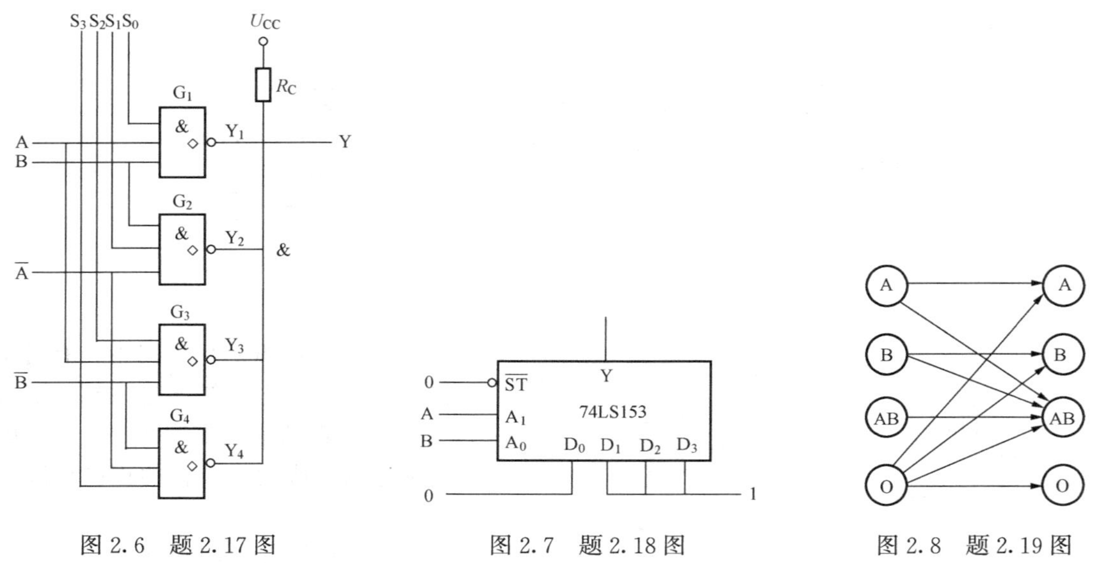

图 2.6 题 2.17 图　　图 2.7 题 2.18 图　　图 2.8 题 2.19 图

2.20 试用数据选择器设计一个“逻辑不一致”电路，要求 4 个输入逻辑变量取值不一致时输出为 1，取值一致时输出为 0。

第 3 章

触发器与时序逻辑电路

逻辑电路分为两大类，一类是组合逻辑电路，其特点是任一时刻电路的输出信号仅取决于该时刻电路的输入信号；另一类是时序逻辑电路，其特点是任一时刻的输出信号不仅决定于当前的输入信号，还决定于前一时刻电路的输出信号，即时序逻辑电路具有存储功能或记忆功能。

构成时序逻辑电路的基本逻辑单元是触发器。每一个触发器能够存储 1 位二值信号。

本章介绍触发器与时序逻辑电路。

3.1 触　发　器

触发器具备两个基本特点：第一，具有两个不同的稳定状态，用来分别表示逻辑状态的 0 和 1，或二进制数的 0 和 1；第二，在不同的输入信号作用下可以置成 1 或 0 状态，输入信号消失后，状态保持不变。

触发器的种类很多，根据电路结构形式的不同可以分为基本 RS 触发器、同步 RS 触发器、主从触发器、维持阻塞触发器、CMOS 边沿触发器等。根据逻辑功能的不同分为 RS 触发器、JK 触发器、T 触发器、D 触发器等几种类型。

3.1.1 RS 触发器

RS 触发器又分为基本 RS 触发器和同步 RS 触发器（也称可控 RS 触发器）。

1. 基本 RS 触发器

（1）结构及工作原理。图 3.1.1（a）所示为用与非门组成的基本 RS 触发器，图 3.1.1（b）所示为触发器的逻辑符号。$\overline{R}$、$\overline{S}$是触发器的信号输入端，输入端带小圈表示低电平有效。与非门 G_1、G_2 的输出信号分别反馈至 G_2、G_1 门的输入端，Q、$\overline{Q}$是触发器的信号输出端，正常情况下，两个输出端信号应保持相反的逻辑状态。并且定义 Q=1，$\overline{Q}$=0 为触发器的 1 状态，也称置位状态；Q=0，$\overline{Q}$=1 为触发器的 0 状态，也称复位状态。$\overline{S}$称为置位端或置 1 输入端，$\overline{R}$称为复位端或置 0 输入端。

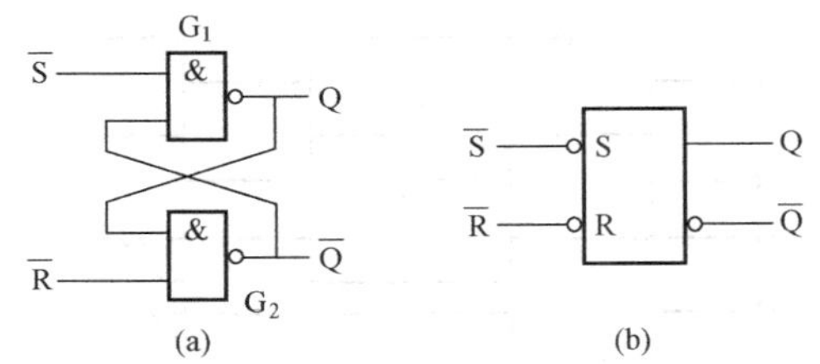

图 3.1.1　用与非门组成的基本 RS 触发器
（a）基本 RS 触发器；（b）逻辑符号

由与非门的逻辑特性可知，电路的两个输出端 Q、$\overline{Q}$的关系式为

$$Q = \overline{\overline{S} \cdot \overline{Q}} \tag{3.1.1}$$

$$\overline{Q} = \overline{Q\,\overline{R}} \tag{3.1.2}$$

当$\overline{S}$=0，$\overline{R}$=1 时分别代入式（3.1.1）和式（3.1.2）得

Q=1，$\overline{Q}$=0，触发器处在 1 状态。

当$\overline{S}$=1，$\overline{R}$=0 时，由式（3.1.1）和式（3.1.2）得

Q=0，$\overline{Q}$=1，触发器处在 0 状态。

当$\overline{S}=1$，$\overline{R}=1$时，代入式（3.1.1）和式（3.1.2），右边与左边相同，为Q和$\overline{Q}$，即触发器的状态保持不变。

当$\overline{S}=0$，$\overline{R}=0$时，$Q=1$，$\overline{Q}=1$，但是，当$\overline{S}$、$\overline{R}$端输入的零状态同时结束，即$\overline{S}$、$\overline{R}$的输入由0同时跳变为1时，由于与非门G_1、G_2传输速度上的差距（尽管很小），触发器的状态不能确定，所以$\overline{S}$、$\overline{R}$输入同时为0的情况，通常是不允许的。由此得到与非门组成的基本RS触发器的约束条件是

$$\overline{S}+\overline{R}=1(\text{或 } RS=0)$$

触发器在接受触发信号之前的状态称为现态，用Q^n表示；触发器在接受触发信号之后的状态称为次态，用Q^{n+1}表示。将上述分析结果列表得基本RS触发器的特性表，见表3.1.1。将表3.1.1经过卡诺图化简，得触发器输出端Q的函数表达式

$$\begin{cases} Q^{n+1}=S+\overline{R}Q^n \\ \text{约束条件 } \overline{S}+\overline{R}=1 \end{cases} \qquad (3.1.3)$$

我们把上述描述触发器逻辑功能的函数表达式称为特性方程或状态转移方程，简称状态方程。

表3.1.1 基本RS触发器的特性表

$\overline{R}$	$\overline{S}$	Q	逻辑功能
0	1	0	置0
1	0	1	置1
1	1	不变	保持
0	0	1	禁用

由式（3.1.3）可知，触发器的次态Q^{n+1}不仅与当前的输入信号有关，还与触发器的现态Q^n有关，故在触发器及以后的时序逻辑电路的分析设计中，把Q^n也作为一个逻辑变量，称为状态变量。

基本RS触发器输入变量和输出函数之间的逻辑关系也可以用波形图来表示，如图3.1.2所示。

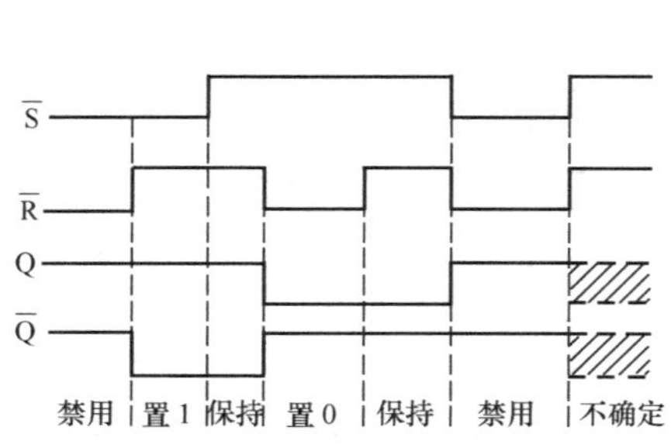

图3.1.2 基本RS触发器的波形图

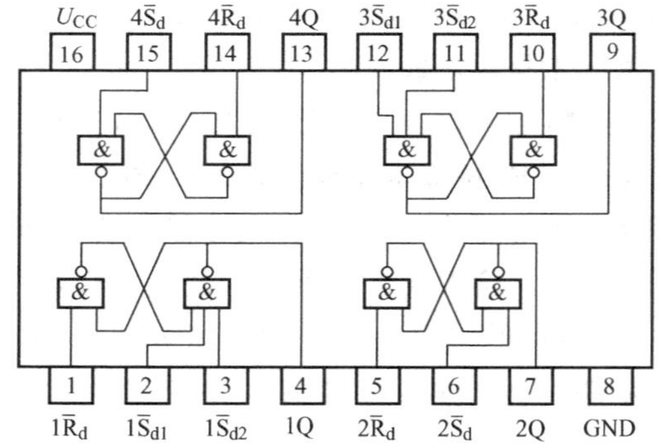

图3.1.3 74279和74LS279的逻辑电路及引脚图

基本RS触发器的结构简单，便于集成。集成电路74279和74LS279芯片集成了四个RS触发器。每个触发器只引出了Q端，未引出$\overline{Q}$端，其内部电路和引脚线排列如图3.1.3所示。

基本RS触发器也可用或非门组成，如图3.1.4（a）所示，图3.1.4（b）所示为它的逻辑符号。此时输入信号高电平有效，读者可以自行分析其工作原理并列出其特性表。

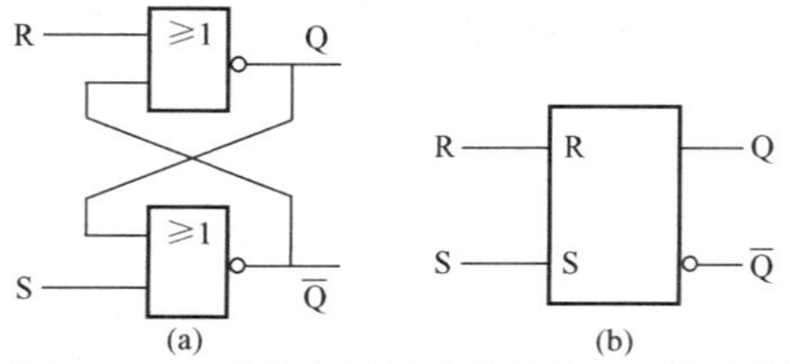

图3.1.4 用或非门组成的基本RS触发器

（a）逻辑电路；（b）逻辑符号

（2）基本RS触发器的工作特点。在输入信号全部作用时间内，可以直接改变输出端Q和$\overline{Q}$的状态，置位端$\overline{S}$和复位端$\overline{R}$的有效电平是低电平，输

入信号有约束条件（$\overline{S}+\overline{R}=1$），即不允许两个输入信号同时为有效电平。

（3）应用实例。机械开关接通时，由于抖动会使电压或电流波形产生“毛刺”，这种干扰信号会导致电路出错，电子电路中一般不允许出现这种现象。利用基本 RS 触发器的记忆作用可消除开关振动产生的影响。基本 RS 触发器和按钮 S_W 可构成无抖动的单脉冲发生电路，如图 3.1.5（a）所示，图 3.1.5（b）为电压波形。当 S_W 先接触一下 $\overline{S_d}$，再接触一下 $\overline{R}_d$ 时，虽然它们的波形有振动，但是根据基本 RS 触发器的特性，Q 的输出波形是一个标准的单脉冲，输出波形消除了抖动。

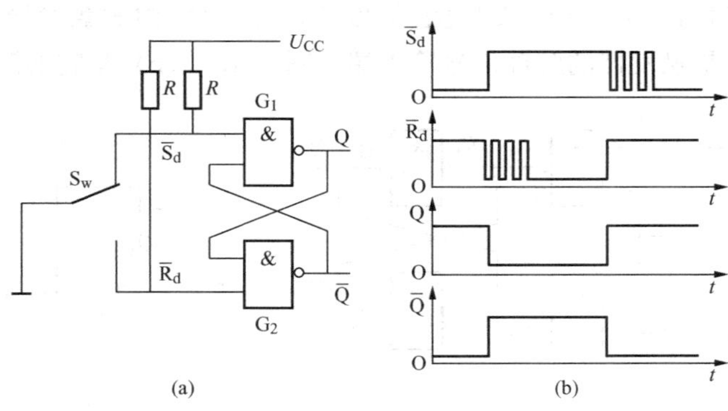

图 3.1.5　无抖动的单脉冲发生电路

（a）电路；（b）电压波形

2. 钟控 RS 触发器

基本 RS 触发器是输入信号直接控制触发器的状态，不便于多个触发器同步工作。在数字系统中，常要求触发器动作在时间上同步，为此，在基本 RS 触发器的输入端引入了同步控制信号，使触发器的状态只有在同步控制信号到达时，才会根据输入信号发生改变。此同步控制信号称为时钟脉冲信号，用 CP 表示。这类受时钟信号控制的触发器称为钟控触发器，又称为同步触发器。

对应时钟脉冲 CP 的某一时刻（或时间）触发器的输出状态可能发生改变，称为触发器的触发。时钟控制触发器有四种触发方式：

（1）CP=1 期间均可触发，称作高电平触发，记为“⎍”；

（2）CP=0 期间可以触发，称作低电平触发，记为“⊔”；

（3）CP 由 0 跳变到 1 时刻触发，称作上升沿触发，记为“↑”；

（4）CP 由 1 跳变到 0 时刻触发，称作下降沿触发，记为“↓”。

四种触发方式在逻辑符号中的区别表现在 CP 端画以不同的标记，如图 3.1.6 所示。

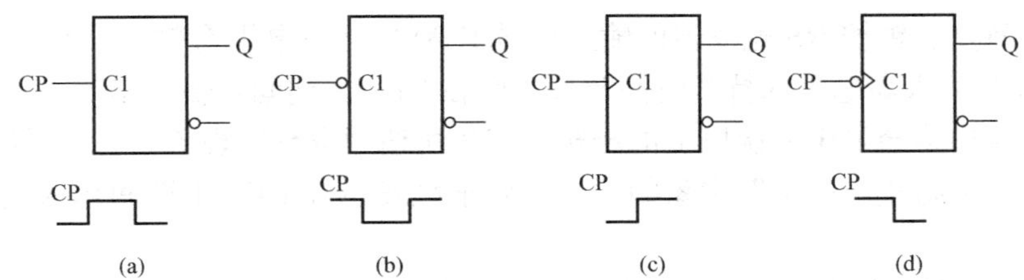

图 3.1.6　钟控触发器的四种触发方式

（a）高电平触发；（b）低电平触发；（c）上升沿触发；（d）下降升沿触发

上述四种触发方式又可归纳为电平触发方式（高电平触发和低电平触发）和边沿触发方式（上升沿触发和下降沿触发）两大类。

（1）钟控 RS 触发器结构及工作原理。钟控 RS 触发器的电路如图 3.1.7（a）所示。与非门 G_1、G_2 构成基本 RS 触发器，G_3、G_4 构成触发导引电路。R、S 是触发器的输入端，CP 是触发器的时钟信号输入端。图 3.1.7（b）是它的逻辑符号。

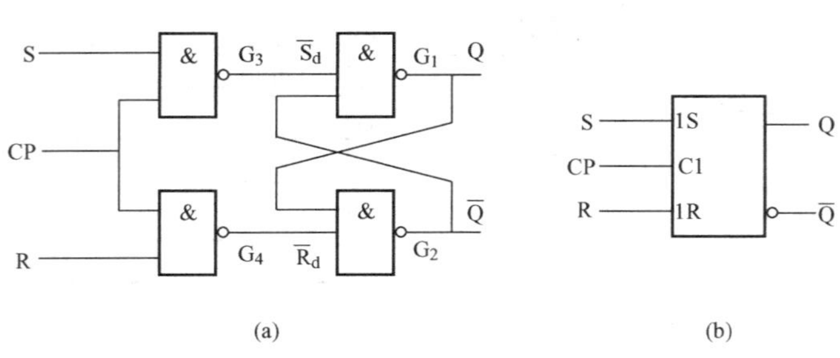

图 3.1.7　钟控 RS 触发器

（a）逻辑电路；（b）逻辑符号

当 CP＝0 时，与非门 G_3、G_4 被封锁，R、S 端的输入信号不起作用，G_3、G_4 门输出均为 1，触发器的输出状态保持不变。当 CP＝1 时，门 G_3、G_4 开启，R、S 端的输入信号起作用，引起触发器状态的改变。

当 CP＝1，R＝S＝1 时，门 G_3、G_4 的输出全为 0，作为门 G_1、G_2 构成的基本 RS 触发器的输入是不允许的，所以，钟控 RS 触发器 R＝S＝1 的输入被禁用，即约束条件是 RS＝0。

与基本 RS 触发器的分析相同，可得钟控 RS 触发器在 CP＝1 时的特性表，见表 3.1.2，波形如图 3.1.8 所示，特性方程为

$$\begin{cases} Q^{n+1} = S + \overline{R}Q^{n} \\ \text{约束条件 } RS = 0 \end{cases} \tag{3.1.4}$$

表 3.1.2　钟控 RS 触发器的特性表

S	R	Q^n	Q^{n+1}	逻辑功能
0	0	0	0	保持
0	0	1	1	
0	1	0	0	置 0
0	1	1	0	
1	0	0	1	置 1
1	0	1	1	
1	1	0	1*	禁用
1	1	1	1*	

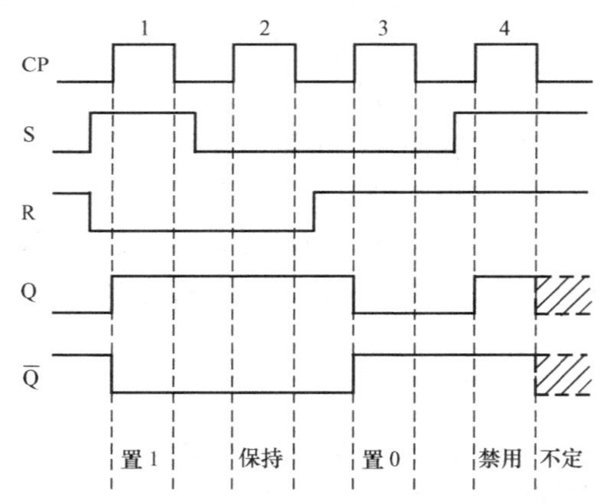

图 3.1.8　钟控 RS 触发器波形图

（2）工作特点。钟控 RS 触发器的输入信号 R 和 S 是高电平有效，具有约束条件 RS＝0。另外，若 CP 输入高电平的持续时间较长，则在 CP＝1 期间，输入信号 R 和 S 若发生跳变，触发器的输出将会发生一次以上的翻转，产生所谓“空翻”现象，易在系统工作中造成混乱和不稳定。为防止“空翻”现象的发生，要求触发器在 CP＝1 期间输入信号 R 和 S 严格保持不变。

钟控 RS 触发器的触发方式为电平触发，由此带来的缺点“空翻”现象使它的应用受到很大的限制，一般只用作数码寄存器而不宜用来构成其他的数字部件。

3.1.2　主从触发器

为了提高触发器工作的可靠性，克服钟控 RS 触发器存在的“空翻”现象，希望在每个 CP 周期里输出端的状态只能改变一次。为此在同步 RS 触发器的基础上设计出了主从结构

的触发器。

1. 主从 RS 触发器

主从 RS 触发器的结构如图 3.1.9（a）所示。它由两个钟控 RS 触发器组成。其中，门 $G_5 \sim G_8$ 组成的触发器称为主触发器，R、S 为输入端，CP 是时钟信号输入端，输出为 Q_m 和 $\overline{Q}_m$。$G_1 \sim G_4$ 和 G_9 组成的触发器称为从触发器，输入端为 Q_m、$\overline{Q}_m$，时钟信号为 $\overline{CP}$，输出为 Q 和 $\overline{Q}$。即从触发器的输出就是主从 RS 触发器的输出，主触发器的输入 R、S 和时钟信号 CP 也是主从 RS 触发器的输入和时钟信号。

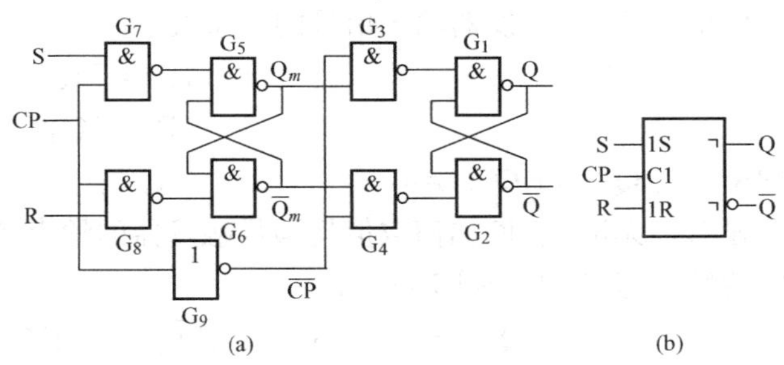

图 3.1.9　主从 RS 触发器

（a）逻辑图；（b）逻辑符号

时钟信号到来（CP=1）时，门 G_7、G_8 打开，主触发器开启，输出状态由输入信号 R、S 决定，其输出状态与输入状态的关系满足钟控 RS 触发器的特性方程。此时，CP 经过非门 G_9 得 $\overline{CP}=0$，门 G_3、G_4 被封锁，从触发器关闭，输出端 Q、$\overline{Q}$ 的状态不会发生改变。

当 CP=0（CP 由 1 跳变到 0）时主触发器关闭，输出端 Q_m、$\overline{Q}_m$ 的状态保持不变，由于 $\overline{CP}=1$，门 G_3、G_4 被打开，从触发器开启，输出端 Q、$\overline{Q}$ 的状态取决于其输入信号，也就是前一时刻 Q_m、$\overline{Q}_m$ 的状态。

由于 CP=1 时，从触发器被关闭，所以在 CP 的一个周期内，主从 RS 触发器的状态只能在 $\overline{CP}=1$ 时（此时 R、S 的变化由于 CP=0 而被封锁）改变一次，因而克服了钟控 RS 触发器存在的“空翻”现象。

主从 RS 触发器的符号如图 3.1.9（b）所示。主触发器是高电平触发，所以将主从 RS 触发器看作是电平触发。而从触发器实际上是 CP 的下降沿触发。输出端记号“¬ ”表示延迟输出，用来描述从触发器的触发特点。

主从 RS 触发器与钟控 RS 触发器的特性方程相同，触发方式不同。主从 RS 触发器的特性方程

$$Q^{n+1} = S + \overline{R}Q^n$$

主从 RS 触发器仍存在约束条件：RS=0。因为，主触发器是电平触发，若在某一时钟信号 CP=1 期间，始终有 S=R=1，使得 $Q_m=\overline{Q}_m=1$，则当 CP 负跳（CP 的下降沿）时，Q_m、$\overline{Q}_m$ 的状态不确定，Q、$\overline{Q}$ 的状态也无法确定。所以，主从 RS 触发器工作时应严格遵守约束条件。

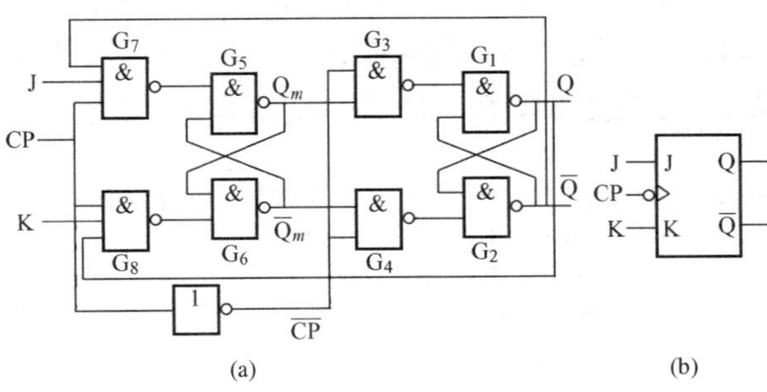

图 3.1.10　主从 JK 触发器

（a）逻辑电路；（b）逻辑符号

2. 主从 JK 触发器

由于主从 RS 触发器仍存在约束条件，造成使用不便，若将主从 RS 触发器的输出端 Q、$\overline{Q}$ 的信号反馈至触发器的输入端，就可以解决输入信号间的约束问题，输入信号用 J、K 表示，触发器称为主从 JK 触发器，电路如图 3.1.10（a）所示。

比较图 3.1.9（a）和图 3.1.10

（a）可得主从 JK 触发器输入信号的关系式

$$\begin{cases} S = J\overline{Q^n} \\ R = KQ^n \end{cases} \tag{3.1.5}$$

有 RS=（$J\overline{Q^n}$）（KQ^n）=0。

显然，无论 J、K 如何取值均满足触发器的约束条件。将式（3.1.5）代入主从 RS 触发器的特性方程 $Q^{n+1}=S+\overline{R}Q^n$ 得

$$Q^{n+1} = S+\overline{R}Q^n = (J\overline{Q^n})+(\overline{KQ^n})Q^n = J\overline{Q^n}+\overline{K}Q^n$$

主从 JK 触发器的特性方程为

$$Q^{n+1} = J\overline{Q^n}+\overline{K}Q^n \tag{3.1.6}$$

其中 J=K=1 时，在 CP 信号作用下，由式（3.1.6）可得 $Q^{n+1}=\overline{Q^n}$，即如果始终保持输入 J=K=1，每来一个 CP 信号，触发器的状态就翻转一次（次态等于现态的非），即触发器状态翻转的次数与 CP 的个数（周期数）相同，所以称此时触发器处在计数状态。主从 JK 触发器的其他输入情况，请读者自行分析列表。

主从 JK 触发器克服了钟控 RS 触发器存在的“空翻”现象，消除了主从 RS 触发器输入端的约束条件，但由于它的主触发器仍然是电平触发，它存在着新的问题：“一次变化”问题。“一次变化”问题是指 CP=1 期间，由于 J、K 信号的变化，主触发器可能产生翻转，造成从触发器的误动作。因此，为了避免“一次变化”现象，要求主从 JK 触发器在 CP=1 期间，保持 J、K 的稳定，或者为了减少干扰，将主从 JK 触发器应用于窄时钟脉冲工作的场合。

常用的集成主从 JK 触发器有：单 JK 主从触发器 54H71/74H71，5472/7472；双 JK 主从触发器 54107/74107，54H78/74H78 等。

3.1.3　边沿触发器

采用电平触发方式，触发器或存在“空翻”现象（钟控 RS 触发器），或存在“一次变化”问题（主从 JK 触发器），抗干扰能力差，不能适应时序电路的要求。而边沿触发器是仅在 CP 信号的上升沿或下降沿时刻才响应触发器的输入信号，避免了触发器输出端的误动作，提高了触发器的抗干扰能力。目前已广泛应用的数字集成电路产品中的边沿触发器电路有：利用 CMOS 传输门的边沿触发器、维持阻塞触发器、利用门电路传输延迟时间的边沿触发器等多种。

1. 边沿 JK 触发器

边沿 JK 触发器的逻辑符号如图 3.1.11 所示。逻辑符号中的$\overline{S}_d$、$\overline{R}_d$ 端分别是触发器的直接置位端和直接复位端，符号中有一个小圆圈，表示触发器的置位和复位信号均是低电平有效，即无论输入信号 J、K 和 CP 信号如何，只要$\overline{S}_d$=0（$\overline{R}_d$=1），触发器置 1（Q=1）；只要$\overline{R}_d$=0（$\overline{S}_d$=1），触发器置 0（Q=0）。触发器不需要置位或复位时，$\overline{S}_d$、$\overline{R}_d$ 端均应给非有效电平。

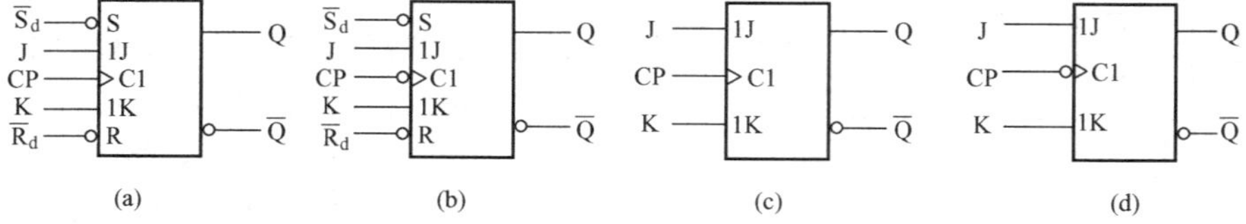

图 3.1.11　边沿 JK 触发器的逻辑符号

（a）逻辑符号（上升沿触发）；（b）逻辑符号（下降沿触发）；（c）、（d）简化符号

边沿 JK 触发器特性方程为

$$Q^{n+1}=J\overline{Q^n}+\overline{K}Q^n \text{（CP 有效边沿触发）} \tag{3.1.7}$$

当输入 J=K=0 时，时钟有效边沿到来时刻，由 JK 触发器的特性方程得 $Q^{n+1}=Q^n$，触发器输出状态保持不变。

当输入 J=0，K=1 时，时钟有效边沿到来时刻，$Q^{n+1}=0$，触发器输出状态为 0，即触发器置 0。

输入 J=1，K=0 时，CP 有效边沿到，使 $Q^{n+1}=1$，触发器的输出状态为 1，即触发器置 1。

输入 J=K=1，CP 有效边沿到，$Q^{n+1}=\overline{Q^n}$，触发器输出状态发生翻转，称触发器处在翻转状态，又因为此状态多用于计数电路，故又称为计数状态。真值表见表 3.1.3，下降沿触发的 JK 触发器的波形图如图 3.1.12 所示。

表 3.1.3　边沿 JK 触发器的真值表

J	K	Q^{n+1}	逻辑功能
0	0	Q^n	保持
0	1	0	置 0
1	0	1	置 1
1	1	$\overline{Q^n}$	翻转

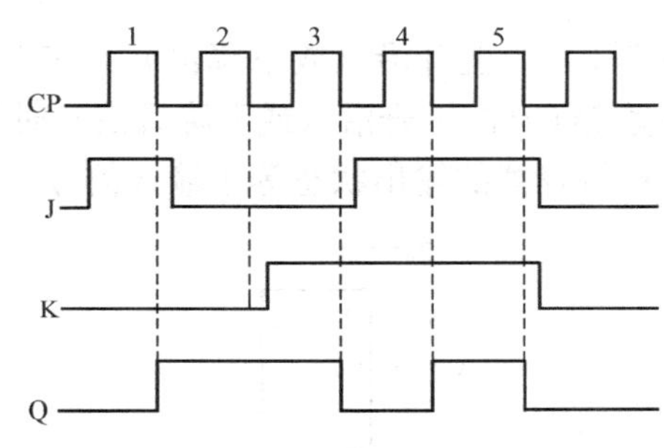

图 3.1.12　JK 触发器的波形图

【例 3.1.1】　边沿 JK 触发器的逻辑符号如图 3.1.13 所示，输入信号 J、K 和时钟 CP 的波形如图 3.1.14 所示，设初始状态 Q=0。试画出输出端 Q 的波形图。

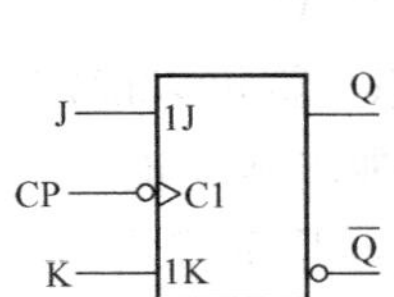

图 3.1.13　边沿 JK 触发器的逻辑符号

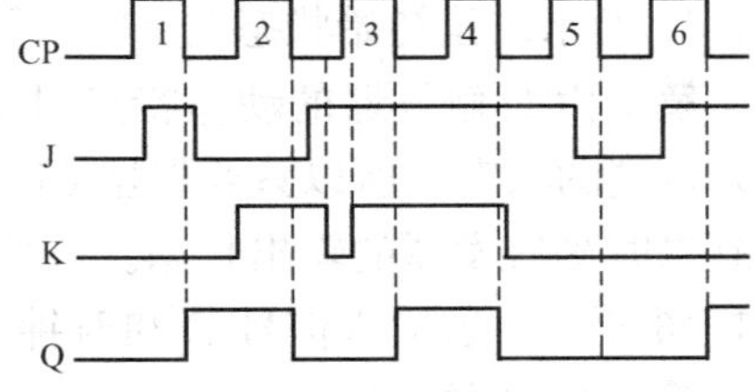

图 3.1.14　波形图

解　由图 3.1.13 可知，这是一个下降沿触发的边沿 JK 触发器。它的主要特点是 CP 下降沿到来时，触发器的状态由紧邻 CP 下降沿前的 J、K 的输入信号决定。

图 3.1.14 中，第一个 CP 的下降沿到来前，J=1，K=0，由 JK 触发器的真值表或特性方程均可知，CP 下降沿到来时，触发器置 1（Q=1）；第二个 CP 的下降沿到来前，J=0，K=1，CP 下降沿到来时，触发器的输出端 Q=0；第三个 CP 的下降沿到来前，J=1，K=1，触发器处在计数状态，此时输出 $Q^{n+1}=\overline{Q^n}=\overline{0}=1$，这里要注意，在第二个 CP 的下降沿与第三个 CP 的下降沿之间输入信号 K 由 1 跳变到 0，又由 0 跳变到 1，变化了两次，但第三个 CP 的下降沿到来时触发器的状态仅由紧邻第三个 CP 下降沿前的 J、K 的输入信号决定，即此时应是 J=1，K=1 而不是 J=1，K=0。第四个 CP 下降沿到来时，由 J=1，K=1 得到 Q 又从 1 翻转到 0。第五个 CP 的下降沿到来前，J=0，K=0，CP 的下降沿到来后，

触发器的状态保持不变，Q=0。随着 CP 的不断到来，触发器状态的分析同前。

若触发器是正边沿触发的边沿 JK 触发器，在 J、K 和 CP 不变的情况下，试画出 Q 的波形图，请读者自行完成。

表 3.1.4　D 触发器的特性表

D	Q^{n+1}	逻辑功能
0	0	置 0
1	1	置 1

2. D 触发器

D 触发器也是一种边沿触发器，其逻辑符号如图 3.1.15 所示，其中$\overline{S}_d$、$\overline{R}_d$ 端分别是触发器的直接置位端和直接复位端，低电平有效，CP 是时钟信号输入端，D 端是 D 触发器唯一的信号输入端。这里我们重点描述 D 触发器的逻辑功能。

常见的 D 触发器多是上升沿触发，其特性方程

$$Q^{n+1}=D\text{（CP 正边沿触发）} \tag{3.1.8}$$

即任意时刻 CP 的上升沿（或下降沿）到来时，触发器的状态与 CP 的上升沿（或下降沿）到来前且紧邻 CP 的上升沿（或下降升沿）时刻的 D 的输入信号相同。简而言之，在 CP 的作用下，D 触发器的输出状态等于输入信号，特性表见表 3.1.4。

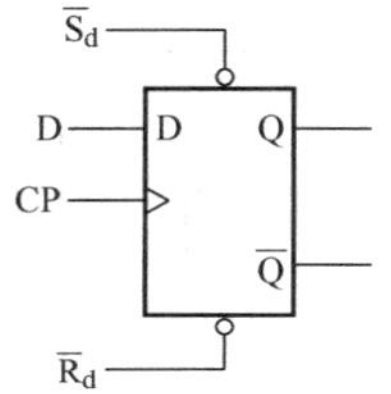

图 3.1.15　D 触发器的逻辑符号

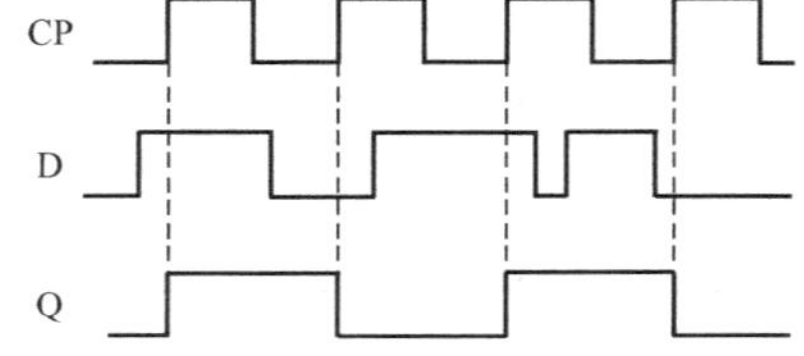

图 3.1.16　D 触发器的波形图

【例 3.1.2】　已知一个上升沿触发的 D 触发器，输入信号 D 和时钟 CP 的波形如图 3.1.16 所示。设初始状态 Q=0，试画出输出端 Q 的波形图。

解　由 D 触发器的动作特点可知，触发器的次态只取决于 CP 上升沿到达瞬间（略提前）D 端的状态，所以只要根据 CP 上升沿到达瞬间 D 的状态，就可以确定每一个 CP 上升沿到来时刻触发器的输出状态。根据 D 触发器的动作特点，画出本题输出端 Q 的波形如图 3.1.16 所示。若输入信号 D 和时钟 CP 的波形不变，D 触发器是下降沿触发，请读者自行画出输出端 Q 的波形图。

边沿触发器的动作特点是触发器的状态只在 CP 的上升沿或下降沿时刻，可能发生改变，所得到的触发器的状态由 CP 上升沿或下降沿到来的瞬时前触发器的输入信号决定。

3.1.4　触发器间的相互转换

目前市场上销售的产品多为 JK 触发器和 D 触发器，但在实际应用中，各种功能的触发器都会被需要，因此，了解并掌握各种功能的触发器之间的相互转换，可以在逻辑电路的设计和应用中更充分的利用各类触发器。

1. JK 触发器转换为 T 触发器

T 触发器的逻辑符号如图 3.1.17 所示，有一个信号输入端 T，采用边沿触发方式，T=1时，每来一个 CP 脉冲，触发器的状态翻转一次；T=0 时，CP 信号到达后，触发器状态保持不变，其特性表见表 3.1.5，特性方程为

$$Q^{n+1}=T\overline{Q^n}+\overline{T}Q^n \tag{3.1.9}$$

JK 触发器的特性方程为 $Q^{n+1}=J\overline{Q^n}+\overline{K}Q^n$，与 T 触发器特性方程式（3.1.9）比较，显然，只要令 J=K=T，就可以将 JK 触发器转换为 T 触发器，转换电路如图 3.1.18 所示。

表 3.1.5　T 触发器的特性表

T	Q^{n+1}	逻辑功能
0	Q^n	保持
1	$\overline{Q^n}$	翻转

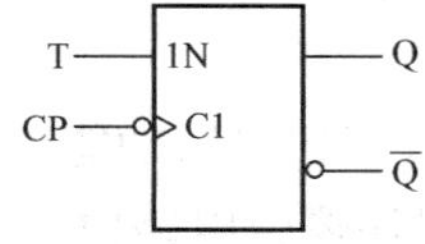

图 3.1.17　T 触发器的逻辑符号

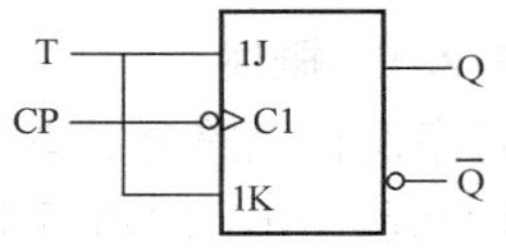

图 3.1.18　JK 触发器转换为 T 触发器

如果令 T=T′=1，每来一个 CP 脉冲，触发器的状态翻转一次，此时称触发器为 T′触发器。即 T′触发器的特性方程为

$$Q^{n+1}=\overline{Q^n} \tag{3.1.10}$$

2. JK 触发器转换为 D 触发器

已知 D 触发器的特性方程为

$$Q^{n+1}=D \tag{3.1.11}$$

将式（3.1.11）稍作变化得

$$Q^{n+1}=D(Q^n+\overline{Q^n})=D\overline{Q^n}+DQ^n$$

与式（3.1.7）比较可知，若令 J=D，$\overline{K}$=D，就可得到 D 触发器，转换电路如图 3.1.19 所示。

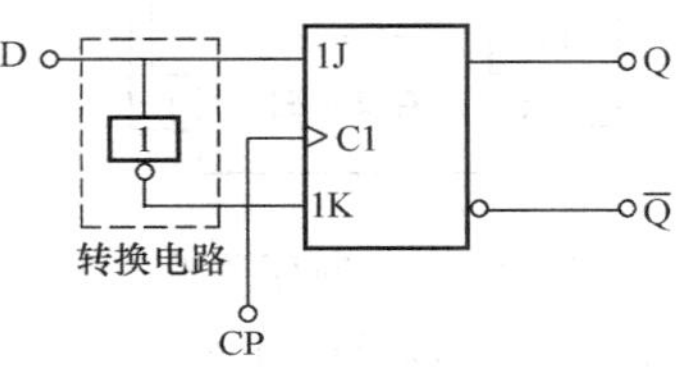

图 3.1.19　JK 触发器转换为 D 触发器

3. D 触发器转换为 JK 触发器

D 触发器的特性方程为 $Q^{n+1}=D$，JK 触发器的特性方程为 $Q^{n+1}=J\overline{Q^n}+\overline{K}Q^n$，令 $D=J\overline{Q^n}+\overline{K}Q^n$，就可得到 JK 触发器，转换电路如图 3.1.20 所示。

4. D 触发器转换为 T 触发器

方法一：先将 D 触发器转换成 JK 触发器，再根据 JK 触发器与 T 触发器的关系，使 T=J=K 就可以由 D 触发器转换得到的 T 触发器，如图 3.1.20 所示。

方法二：比较 D 触发器的特性方程 $Q^{n+1}=D$ 与 T 触发器的特性方程 $Q^{n+1}=T\overline{Q^n}+\overline{T}Q^n$ 可知，使 $D=Q^{n+1}=T\overline{Q^n}+\overline{T}Q^n=T\oplus Q^n$，便可得到 T 触发器，转换电路如图 3.1.21 所示。

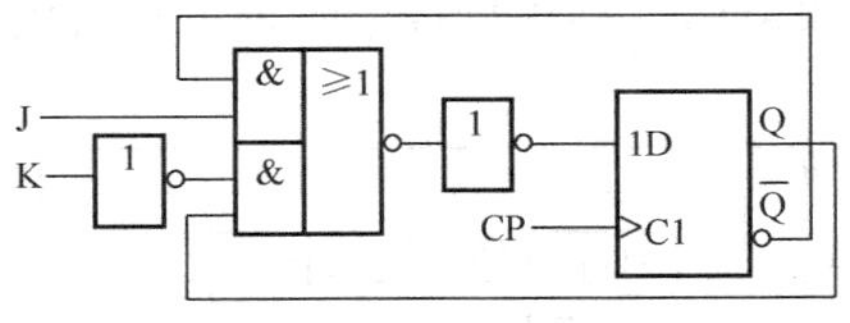

图 3.1.20　D 触发器转换为 JK 触发器

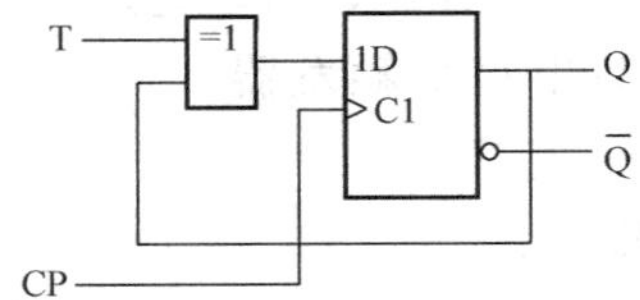

图 3.1.21　D 触发器转换为 T 触发器

通过以上分析比较不难看出，其中 JK 触发器的功能最强，它包含了 RS 触发器和 T 触发器的所有逻辑功能。因此，在需要 RS 触发器、T 触发器的场合完全可以用 JK 触发器来代替。因此，目前生产的时钟控制触发器定型产品中只有 JK 触发器和 D 触发器这两大类。

3.2 时序逻辑电路分析

3.2.1 概述

时序逻辑电路是具有存储功能（“记忆”功能）的电路，时序逻辑电路的一般结构如图3.2.1所示。由结构图不难看出，时序逻辑电路由两大部分组成，具有存储功能的存储电路是必不可少的，通常由触发器构成；组合逻辑电路部分用于完成整个电路中所需要的输入驱动、反馈以及信号输出等任务，通常由门电路构成。

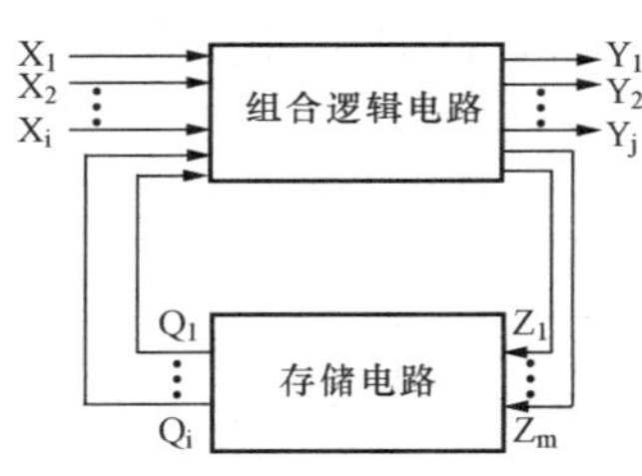

图3.2.1 时序逻辑电路结构图

时序逻辑电路的种类很多，通常按照其存储单元变化的特点，时序逻辑电路分为同步时序逻辑电路和异步时序逻辑电路。同步时序逻辑电路中各存储单元的变化受同一时钟信号控制，异步时序逻辑电路中各存储单元的变化受不同时钟信号控制。在完成相同的逻辑功能时，同步时序逻辑电路的结构较复杂，但执行速度较快，异步时序逻辑电路结构较简单，但由于受不同的时钟信号的延迟触发，其运行速度较同步时序逻辑电路慢。

时序逻辑电路的一般分析方法步骤如下：

（1）根据给定的逻辑电路图，写出时钟方程（同步时序逻辑电路可以省略）。

（2）写出每个触发器的驱动方程（触发器控制输入信号的逻辑函数式）。

（3）写出电路中各种触发器的特性方程。

（4）将各触发器的驱动方程代入相应的特性方程，得到每个触发器的状态方程。

（5）根据逻辑电路图，写出电路的输出方程。

（6）根据已知条件，确定各触发器的初始状态，由各触发器的状态方程列出状态转换表或画出时序图。

（7）分析并确定电路的特点和完成的逻辑功能。

3.2.2 举例

【例3.2.1】 试分析图3.2.2所示的时序逻辑电路。

解 图3.2.2所示电路中三个JK触发器的CP端连接在一起，且CP负边沿触发。各触发器受同一时钟控制，所以这是一个同步时序逻辑电路，分析过程中时钟方程可以省略。

（1）写出每个触发器的驱动方程。

$J_0=K_0=1$

$J_1=Q_0^n\overline{Q_2^n}$　　$K_1=Q_0^n$

$J_2=Q_0^nQ_1^n$　　$K_2=Q_0^n$

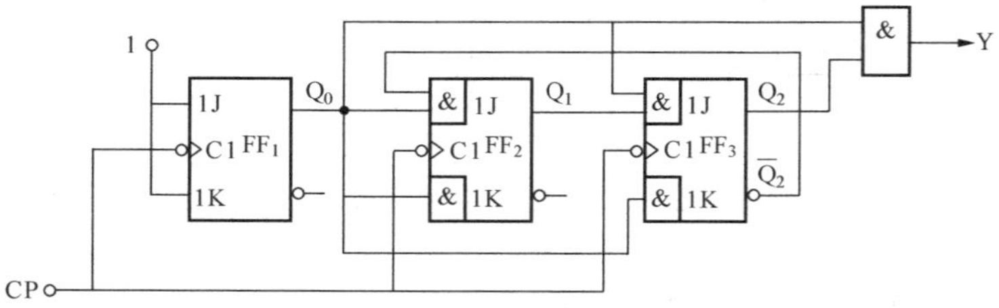

图3.2.2 ［例3.2.1］的时序逻辑电路

（2）写出每个触发器的状态方程。

电路中采用的均是负边沿触发的JK触发器，其特性方程 $Q^{n+1}=J\overline{Q^n}+\overline{K}Q^n$，将各触发器的驱动方程代入特性方程得各触发器的状态方程为

$Q_0^{n+1}=J_0\overline{Q}_0^n+\overline{K}_0Q_0^n=\overline{Q}_0^n$

$Q_1^{n+1}=J_1\overline{Q}_1^n+\overline{K}_1Q_1^n=Q_0^n\overline{Q}_2^n\overline{Q}_1^n+\overline{Q}_0^nQ_1^n$

$Q_2^{n+1}=J_2\overline{Q}_2^n+\overline{K}_2Q_2^n=Q_0^nQ_1^n\overline{Q}_2^n+\overline{Q}_0^nQ_2^n$

(3) 写出输出方程为

$$Y=Q_0Q_2$$

(4) 列出状态转换表。

在题目没有特殊要求时，通常设电路的初始状态 $Q_2^nQ_1^nQ_0^n=000$。电路开始输入时钟信号，将现态 $Q_2^nQ_1^nQ_0^n=000$ 代入电路的状态方程和输出方程得

$Q_2^{n+1}=0$

$Q_1^{n+1}=0$

$Q_0^{n+1}=1$

$Y=0$

即在第一个 CP 脉冲负边作用下，电路的状态由 $Q_2^nQ_1^nQ_0^n=000$ 翻转为 $Q_2^{n+1}Q_1^{n+1}Q_0^{n+1}=001$；第二个 CP 脉冲负边到来时，电路的现态是 $Q_2^nQ_1^nQ_0^n=001$，代入电路的状态方程和输出方程得电路新的次态 $Q_2^{n+1}Q_1^{n+1}Q_0^{n+1}=010$，$Y=0$。这样每来一个时钟脉冲，由电路各触发器的状态方程和电路的现态，可以算出电路的次态。电路的状态转换表见表 3.2.1。由表中电路状态的变化规律可知，每来 6 个 CP 脉冲，电路状态循环一次。

表 3.2.1　[例 3.2.1] 的状态转换表

时钟脉冲 CP	Q_2^n	Q_1^n	Q_0^n	Q_2^{n+1}	Q_1^{n+1}	Q_0^{n+1}	输出 Y
1	0	0	0	0	0	1	0
2	0	0	1	0	1	0	0
3	0	1	0	0	1	1	0
4	0	1	1	1	0	0	0
5	1	0	0	1	0	1	0
6	1	0	1	0	0	0	1
1	1	1	0	1	1	1	0
2	1	1	1	0	0	0	1

为了使电路的状态转换表完整，还应检查一下得到的状态转换表是否包含了电路所有可能出现的状态。三位触发器的输出 $Q_2Q_1Q_0$ 的状态共有 8 种，而上述分析过程列出的状态转换表中只有 6 种状态，缺少 110 和 111 两个状态。将这两个状态分别代入状态方程和输出方程可得：$Q_2^nQ_1^nQ_0^n=110$ 时，$Q_2^{n+1}Q_1^{n+1}Q_0^{n+1}=111$，$Y=0$；$Q_2^nQ_1^nQ_0^n=111$ 时，$Q_2^{n+1}Q_1^{n+1}Q_0^{n+1}=000$，$Y=1$。把这两个状态变化情况补充到表中，才得到完整的状态转换表。

(5) 画出时序图。

为了便于用实验观察的方法检查时序电路的逻辑功能，将状态转换表的内容画成时间波形的形式。在时钟脉冲序列作用下，电路状态、输出状态随时间变化的波形图叫做时序图。

画出时序图应注意以下三点：①设定电路的初始状态，本题为 $Q_2^nQ_1^nQ_0^n=000$；②确定电路中各触发器的触发方式，本题中各触发器为 CP 负边沿触发的 JK 触发器；③同步时序电路因受同一个时钟脉冲控制，每一个时钟脉冲到来时，各触发器的次态都应确定并表现在时序图中。本题的时序图如图 3.2.3 所示。

（6）分析电路的逻辑功能。

由状态转换表（或时序图）可以看出，电路从初始状态 $Q_2^nQ_1^nQ_0^n=000$ 起，在 5 个时钟脉冲作用下，变换为 $Q_2^nQ_1^nQ_0^n=101$，当第六个时钟脉冲到来时，电路的状态又回到了电路的初始状态 000。进一步分析还会发现，无论我们将 000～101 中的哪一个状态设为电路的初始状态经过 6 个时钟脉冲的作用，电路的状态都会回到其初始状态，即每经过 6 个时钟脉冲，电路的状态循环变化一次，同时，输出端 Y 输出一个进位脉冲，因此本题电路是一个逢六进一的六进制同步计数器。

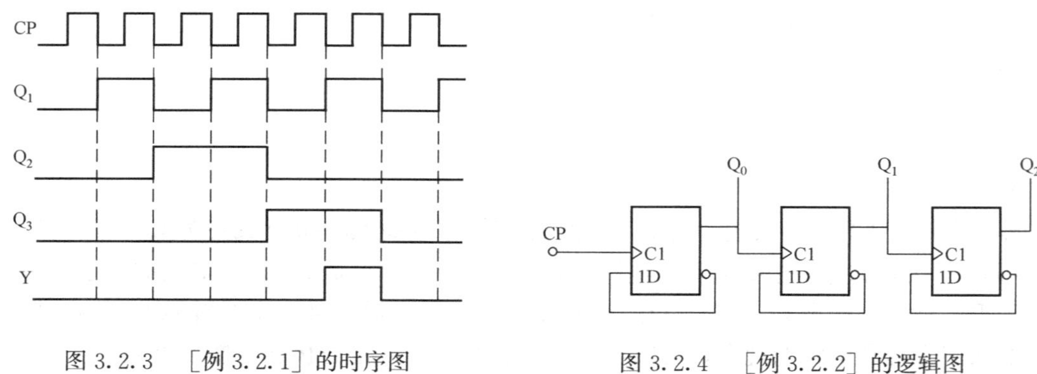

图 3.2.3　［例 3.2.1］的时序图　　　　图 3.2.4　［例 3.2.2］的逻辑图

【例 3.2.2】　试分析图 3.2.4 所示电路的逻辑功能。

解　图 3.2.4 所示电路是由三个正边沿触发的、受不同时钟脉冲控制的 D 触发器构成的异步时序电路。分析过程如下：

（1）时钟方程。

电路中，低位触发器的输出端与相邻高位触发器的 CP 端相连，故时钟方程为

$CP_0=CP$

$CP_1=Q_0$

$CP_2=Q_1$

（2）驱动方程。

$D_0=\overline{Q}_0{}^n$

$D_1=\overline{Q}_1{}^n$

$D_2=\overline{Q}_2{}^n$

（3）状态方程。

D 触发器的特性方程是 $Q^{n+1}=D$，所以，各触发器的状态方程是

$Q_0^{n+1}=D_0=\overline{Q}_0{}^n$　　（CP 正边沿触发）

$Q_1^{n+1}=D_1=\overline{Q}_1{}^n$　　（Q_0 正边沿触发）

$Q_2^{n+1}=D_2=\overline{Q}_2{}^n$　　（Q_1 正边沿触发）

从各触发器的状态方程不难看出，每一个触发器都处在翻转状态（也称计数状态）。

（4）列出状态转换表。

设电路的初始状态为 $Q_2^nQ_1^nQ_0^n=000$，由于每一个触发器都处在计数状态，所以，每当触发器的时钟信号到达，对应触发器的状态就翻转一次。

由于低位触发器的输出信号是相邻高位触发器的时钟 CP 信号，第一个时钟脉冲 CP

（也是 CP_0）的正边沿到来时刻，Q_0 由 0 跳变为 1，$Q_0^{n+1}=1$，是一个正跳（正边沿），同时为 Q_1 提供了一个时钟信号（CP_1）；在 CP_1 作用下，Q_1 翻转，由 0 跳变为 1，$Q_1^{n+1}=1$，也是一个正跳（正边沿），同时又为 Q_2 提供了一个时钟信号（CP_2）；Q_2 在 CP_2 的作用下也发生翻转，使 $Q_2^{n+1}=1$。因此，第一个 CP 信号（也是 CP_0）的正边沿到来时，Q_2、Q_1、Q_0 的状态都发生了翻转，此时电路的输出为 $Q_2^{n+1}Q_1^{n+1}Q_0^{n+1}=111$。

第二个 CP_0 的正边沿到来时，因为 Q_0 始终处在翻转状态，在 CP_0 作用下，Q_0 继续翻转，$Q_0^{n+1}=0$，是一个负跳变（负边沿）；Q_0 的负边沿不能触发 Q_1 翻转，因此，尽管 Q_1 也处在翻转状态，但没有时钟信号作用，其状态就不能发生改变，即 Q_1 的状态保持不变（$Q_1^{n+1}=1$）；Q_1 的状态保持不变，不能为 Q_2 提供时钟信号（$CP_2=Q_1$），所以 Q_2 的状态也保持不变（$Q_2^{n+1}=1$）。由此可知，第二个 CP_0 的正边沿到来时，电路的次态为 $Q_2^{n+1}Q_1^{n+1}Q_0^{n+1}=110$。

由上述分析可知，每一个 CP（CP_0）正边沿到来时，Q_0 翻转。Q_0 从 0 跳变为 1 时，产生 CP_1，Q_1 翻转，否则 Q_1 的状态保持不变。Q_1 从 0 跳变为 1 时，Q_2 翻转，否则 Q_2 的状态也保持不变。依此可以列出电路的状态表，见表 3.2.2。

（5）画出时序图。

将电路状态转换的过程用波形图表现出来，就得到电路的时序图，如图 3.2.5 所示。

在时序图中，各触发器间异步触发的关系表现得更清楚，因此，采用时序图分析异步时序逻辑电路更简洁、明了。

表 3.2.2　［例 3.2.2］电路的状态表

计数脉冲 CP	电路状态			等效十进制数
	Q_2	Q_1	Q_0	
0	0	0	0	0
1	1	1	1	7
2	1	1	0	6
3	1	0	1	5
4	1	0	0	4
5	0	1	1	3
6	0	1	0	2
7	0	0	1	1
8	0	0	0	0

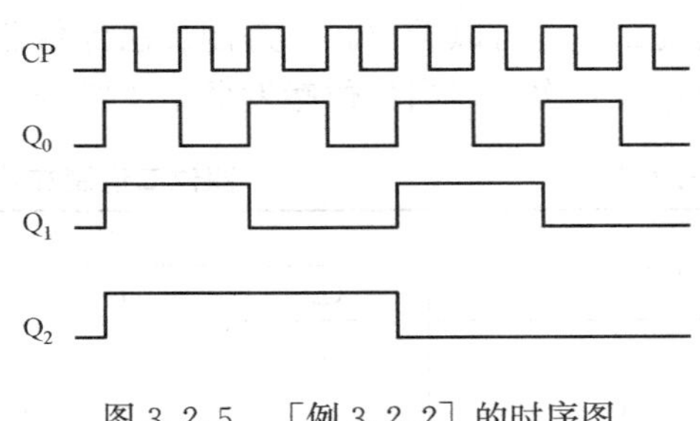

图 3.2.5　［例 3.2.2］的时序图

（6）分析电路的逻辑功能。

从状态转换表（或时序图）可以看出，电路的初始状态 $Q_2^nQ_1^nQ_0^n=000$，在第一个时钟脉冲作用下，变换为 $Q_2^{n+1}Q_1^{n+1}Q_0{}^{n+1}=111$，以后每来一个时钟脉冲，输出递减 1，当第八个时钟脉冲到来时，电路的状态又回到了电路的初始状态 000。所以，这是一个三位异步二进制减法计数器。

异步时序逻辑电路的分析与同步时序逻辑电路的区别在于：在异步时序逻辑电路中，只有那些时钟信号有效沿到来的触发器，需要通过特性方程计算次态，没有时钟信号触发的触发器状态保持不变。因此，异步时序逻辑电路每次电路状态的转换，取决于对应各触发器时钟信号的有效沿是否到来。

3.3 计　数　器

所谓“计数”就是累计电路输入脉冲的个数，如同我们数数一样，1，2，3，…，直至最后得出最大或所需要的累计结果。计数器就是能实现计数功能的时序逻辑电路。在数字系统中计数器是应用最多的时序逻辑电路。计数器不仅用于计数，还多用于分频、定时、数字运算等。

计数器种类繁多，可按照不同的角度进行分类。按计数器中各触发器的翻转次序可分为同步计数器和异步计数器。同步计数器中各触发器在同一时钟控制下同时翻转，异步计数器中各触发器受不同时钟控制相继翻转。

按计数的体制或计数容量可分为二进制计数器、十进制计数器和任意 N 进制计数器。

按计数过程中计数结果的增减可分为加法计数器、减法计数器和可逆计数器。随着计数脉冲的不断输入计数结果逐一递增的叫加法计数器，计数结果逐一递减的叫减法计数器，既可作加法计数又可作减法计数的称作可逆计数器。

3.3.1 异步计数器

1. 异步二进制计数器

在数字系统中，多采用二进制计数体制，因此，二进制计数器是计数器当中应用最广泛、最基本的计数器。二进制数只有 0 和 1 两个基本数字，可用一个触发器的 0 和 1 两个状态来分别表示。如果要表示 n 位二进制数，就需要 n 个触发器。

（1）异步四位二进制加法计数器。二进制加法计数器进行递增计数时，每输入一个计数脉冲就作一次加法运算。二进制加法的运算规律是“逢二进一”，表 3.3.1 列出了四位二进制加法计数器累计 16 个脉冲过程中状态转换情况以及与输入脉冲个数之间的对应关系。

从表 3.3.1 可以看出，二进制加法计数器的工作原理是：①每来一个计数脉冲，最低位触发器翻转一次；②当低位触发器由 1 跳变为 0 时，其相邻高位触发器翻转一次。

表 3.3.1　　四位二进制加法计数器的状态表

计数脉冲	电路状态				等效十进制数
	Q_3	Q_2	Q_1	Q_0	
0	0	0	0	0	0
1	0	0	0	1	1
2	0	0	1	0	2
3	0	0	1	1	3
4	0	1	0	0	4
5	0	1	0	1	5
6	0	1	1	0	6
7	0	1	1	1	7
8	1	0	0	0	8
9	1	0	0	1	9
10	1	0	1	0	10
11	1	0	1	1	11
12	1	1	0	0	12
13	1	1	0	1	13
14	1	1	1	0	14
15	1	1	1	1	15
16	0	0	0	0	0

图 3.3.1 是用负边沿触发的 JK 触发器组成的异步四位二进制加法计数器，假定所用触发器为 TTL 电路，J、K 端悬空相当于接逻辑 1 电平。

电路中，四个触发器的输出 $Q_3Q_2Q_1Q_0$ 作为加法器的输出，Q_0 是最低位，Q_3 是最高

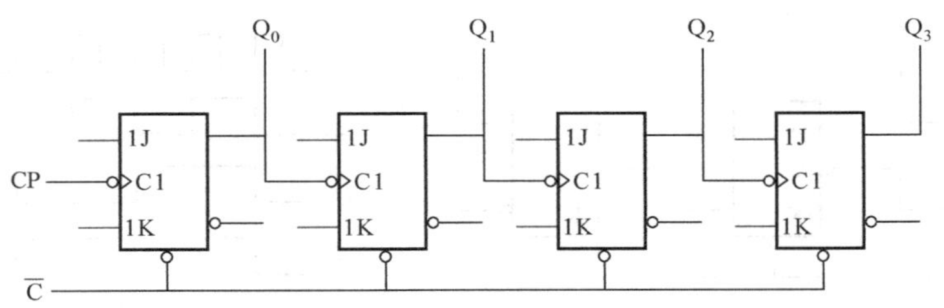

图 3.3.1　异步四位二进制加法计数器

位。低位触发器的输出作为相邻高位触发器的时钟，各触发器均处在计数状态。将各触发器的复位端$\overline{R}$端连在一起用$\overline{C}$表示，称清零端。

计数脉冲从最低位触发器的 CP 端输入，每输入一个脉冲，它就翻转一次。每当低位触发器的输出 Q 由 1 变 0（负边沿）时，就向相邻高位触发器的 CP 端输送一个负跳变的进位脉冲，使其翻转。下面我们逐一分析在计数脉冲作用下，计数器累计计数脉冲的过程。

为了保证计数准确，计数器工作前应清 0，即在清 0 端$\overline{C}$端给一个低电平清 0 信号，使计数器的初始状态 $Q_3Q_2Q_1Q_0=0000$。

第一个计数脉冲的负边沿到来时刻，Q_0 由 0 跳变为 1，$Q_0=1$，是正跳，不触发 Q_1，Q_1 保持不变，Q_2、Q_3 也不动作，此时计数器的状态 $Q_3Q_2Q_1Q_0=0001$。第二个计数脉冲的负边沿到来时刻，Q_0 由 1 跳变为 0，$Q_0=0$，是负跳，触发 Q_1，Q_1 翻转。Q_1 由 0 跳变为 1，是正跳，不触发 Q_2，Q_2 保持不变，Q_3 不会动作，此时计数器的状态 $Q_3Q_2Q_1Q_0=0010$。依次类推，随着计数脉冲的输入，各触发器的状态转换与表 3.3.1 相同。

计数器的时序图如图 3.3.2 所示。从时序图可以看出，当第 16 个脉冲负边沿到来时，计数器返回初始状态 $Q_3Q_2Q_1Q_0=0000$，同时 Q_3 端向高位发出一个负跳变的进位信号。计数器的输出符合“逢十六进一”的计数规律，所以四位二进制加法计数器同时也是一位十六进制计数器。该计数器有 16 个不同的状态，可以累计 $(2^4-1)=15$ 个计数脉冲。

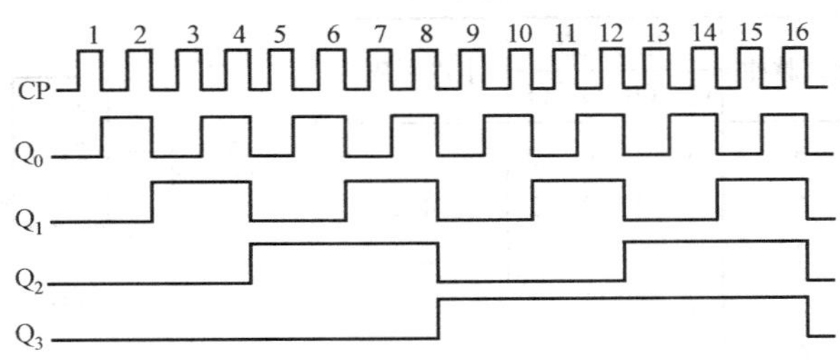

图 3.3.2　四位二进制加法计数器的时序图

因为每一个触发器有两个状态，由 n 个触发器组成的 n 位二进制计数器总共有 2^n 个不同的状态，输入 2^n 个计数脉冲后，计数器状态的变化循环一次。通常称 2^n 为计数器的模或计数器的长度。计数器能累计的最大脉冲个数为 (2^n-1) 个，称 (2^n-1) 为计数器的容量。

由时序图还可以看出，以输入时钟 CP 的频率为基准，Q_0、Q_1、Q_2、Q_3 端输出的信号频率分别是时钟信号 CP 的频率的 1/2、1/4、1/8 和 1/16。即一位二进制计数器同时也是一个二分频器，n 位二进制计数器最多可作 $1/2^n$ 分频。

(2) 异步三位二进制减法计数器。图 3.3.3 所示电路是一个异步三位二进制减法计数器，与图 3.3.1 的主要区别是低位触发器$\overline{Q}$的输出作为相邻高位的时钟信号。其工作原理读者自行分析。电路的时序图如图 3.3.4 所示。

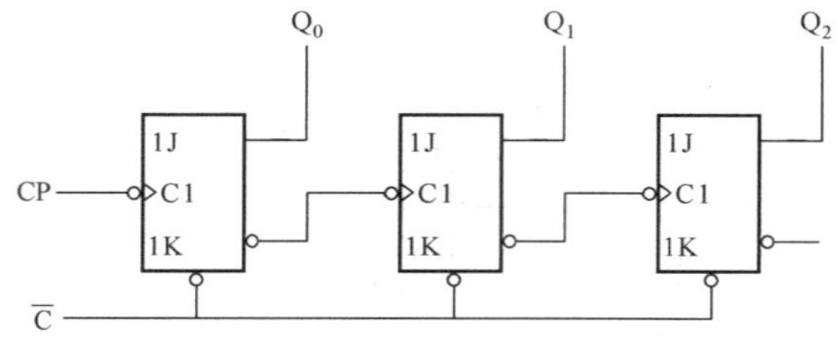

图 3.3.3　异步三位二进制减法计数器

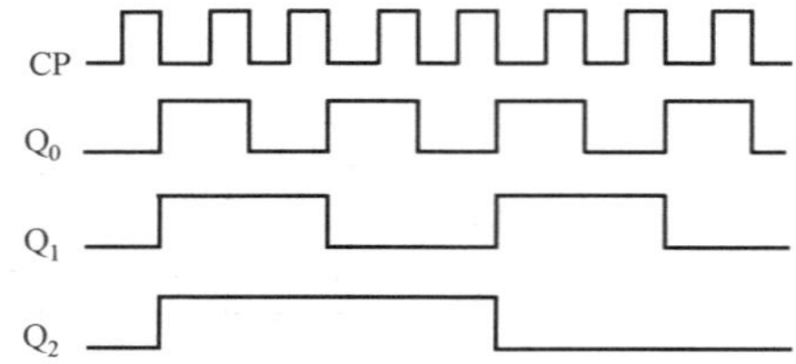

图 3.3.4　三位减法计数器的时序图

2. 异步十进制计数器

二进制计数器虽然电路简单，容易制作，但由于使用者的习惯，很多场合需要十进制计数器。十进制的编码种类较多，因而十进制电路有多种形式。这里介绍使用最多的8421BCD码十进制计数器。

异步十进制加法计数器是以二进制计数器作为基础改造而成的。8421BCD码是取四位二进制数0000～1001分别表示十进制数的十个基本数字0～9。因此，只需在四位二进制加法计数过程中跳过从1010～1111这6个状态，即，在计数器的输出 $Q_3Q_2Q_1Q_0=1001$ 时，第十个计数脉冲到来，计数器的输出就回到 $Q_3Q_2Q_1Q_0=0000$ 的状态，同时给出进位信号，符合“逢十进一”的计数规律。状态转换情况见表3.3.2。

图3.3.5所示电路是异步十进制加法计数器的典型电路。假定所用的触发器是TTL电路，J、K端悬空时相当于接逻辑1电平。

表 3.3.2　十进制计数器的状态表

计数脉冲	电路状态				十进制数
	Q_3	Q_2	Q_1	Q_0	
0	0	0	0	0	0
1	0	0	0	1	1
2	0	0	1	0	2
3	0	0	1	1	3
4	0	1	0	0	4
5	0	1	0	1	5
6	0	1	1	0	6
7	0	1	1	1	7
8	1	0	0	0	8
9	1	0	0	1	9
10	0	0	0	0	0

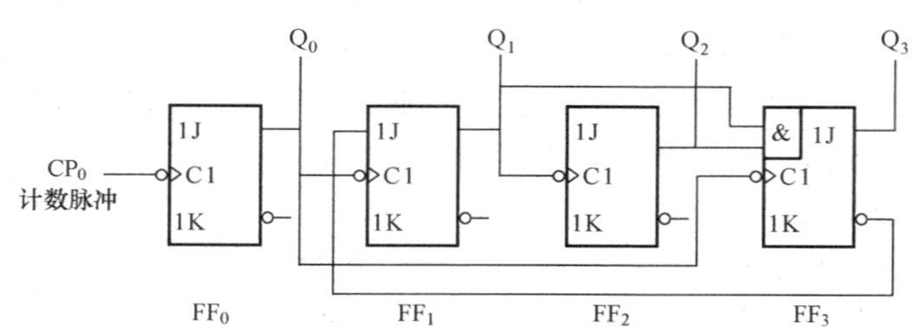

图 3.3.5　异步十进制加法计数器典型电路

电路的时钟方程为

CP_0 是计数脉冲

$CP_1=Q_0$

$CP_2=Q_1$

$CP_3=Q_0$

驱动方程为

$$\begin{cases} J_0=K_0=1 \\ J_1=\overline{Q_3^n}, \quad K_1=1 \\ J_2=K_2=1 \\ J_3=Q_1^nQ_2^n, \quad K_3=1 \end{cases} \tag{3.3.1}$$

将式（3.3.1）代入JK触发器的特性方程 $Q^{n+1}=J\overline{Q^n}+\overline{K}Q^n$ 中，得状态方程为

$$Q_0^{n+1}=\overline{Q_0^n}\text{（CP 负边沿触发）}$$

$$Q_1^{n+1}=\overline{Q_3^n}\,\overline{Q_1^n}\text{（}Q_0\text{ 负边沿触发）}$$

$$Q_2^{n+1}=\overline{Q_2^n}\text{（}Q_1\text{ 负边沿触发）}$$

$$Q_3^{n+1}=Q_2^nQ_1^n\,\overline{Q_3^n}\text{（}Q_0\text{ 负边沿触发）}$$

由状态方程可知：Q_0 处在计数状态，每来一个计数脉冲，其状态翻转一次。在 $Q_3=0$ 时，每当 Q_0 负跳（$CP_1=Q_0$）到来，Q_1 翻转；$Q_3=1$ 时，则 Q_1 的状态保持 0 状态不变。Q_2 也处在计数状态，每当 Q_1 负跳（$CP_2=Q_1$）时，其状态翻转一次。对于 Q_3 只有在 $Q_1=Q_2=1$ 时，Q_0 负跳（$CP_3=Q_0$）到来，Q_3 翻转，只要 $Q_1Q_2=0$，Q_3 的状态就保持 0 不变。设初始状态为 $Q_3Q_2Q_1Q_0=0000$，得电路的时序图如图 3.3.6 所示。

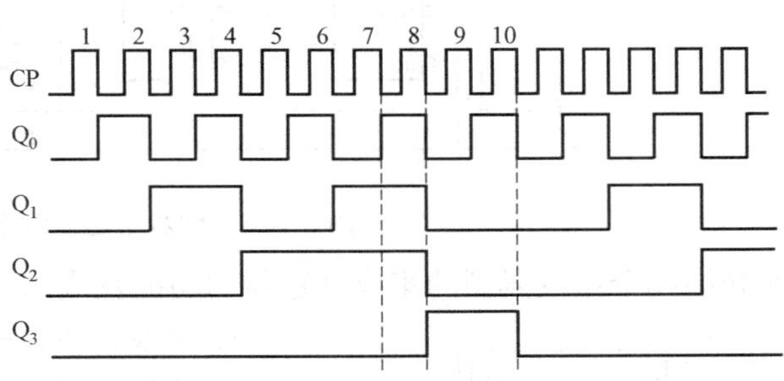

图 3.3.6　异步十进制（8421 码）计数器的时序图

由时序图不难看出，第 7 个计数脉冲结束时，$Q_1Q_2=1$，$Q_3^{n+1}=Q_2^nQ_1^n\overline{Q}_3^n=\overline{Q}_3^n$，第 8 个计数脉冲负边沿到来时刻，$Q_0$ 页跳，触发 Q_3 翻转，由 0 跳变为 1，同时使 $Q_1=0$。在第 10 个计数脉冲负边沿到来时，Q_0 负跳，但因 $Q_3=1$，Q_1 的状态保持 0 不变，因此 Q_2 的状态也保持不变。而 Q_3 在 Q_0 的负跳触发下翻转为 0，此时电路又回到了初始状态 $Q_3Q_2Q_1Q_0=0000$，完成了十进制计数过程。

3.3.2　同步计数器

同步计数器中各触发器受同一时钟信号控制，当计数状态更新时，处于翻转状态的触发器同时翻转，因此，同步计数器的工作速度较异步计数器快，并且在译码显示时，不易产生干扰脉冲。

图 3.3.7 和图 3.3.8 分别给出了四位同步二进制计数器和同步十进制计数器的逻辑电路图，它们的时序图与对应的异步计数器的相同。电路逻辑功能的分析与 3.2.1 小节介绍的同步时序逻辑电路的分析方法完全相同，这里不在赘述。

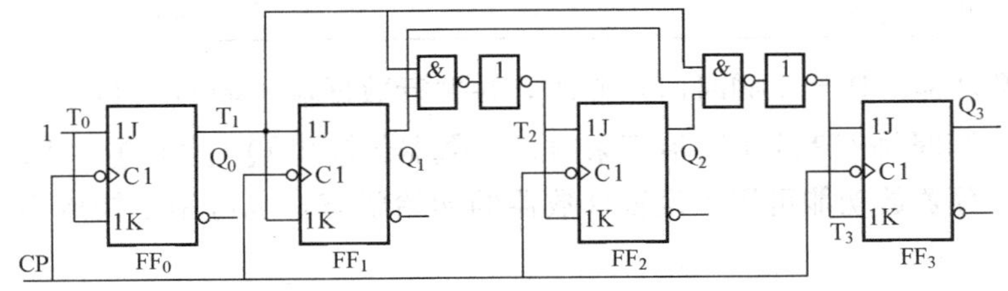

图 3.3.7　四位同步二进制加法计数器逻辑图

3.3.3　集成计数器

实际应用计数器中，主要以集成计数器产品为主。在使用集成电路产品时，需要查阅产品手册了解所选用芯片的功能表和管脚图。认真阅读并理解芯片的功能表可以保证正确、灵活地运用所选用的产品；熟悉芯片的引脚图，可以保证正确地将所选用产品接入相关电路。

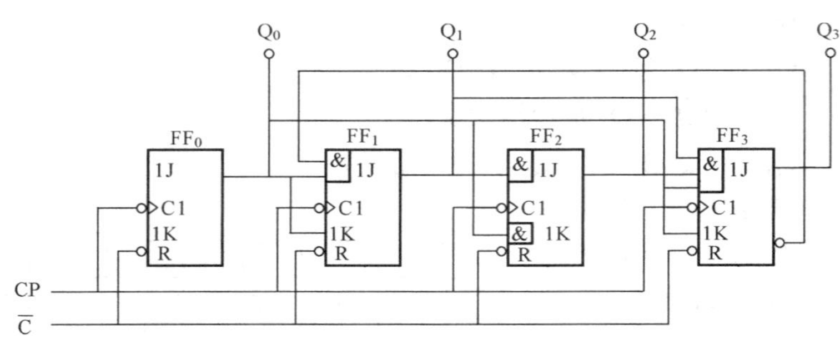

图 3.3.8 同步十进制计数器的逻辑图

下面介绍几个比较典型的集成计数器的功能及应用。

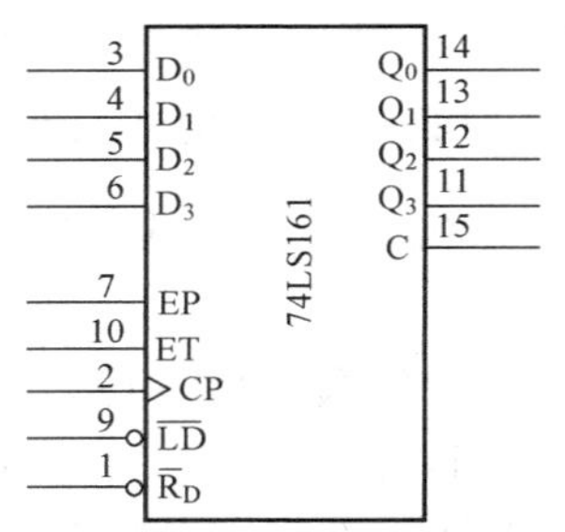

图 3.3.9 74LS161 的逻辑符号

1. 集成同步二进制计数器 74LS161

集成计数器 74LS161 是四位同步二进制计数器。图 3.3.9 所示为集成计数器 74LS161 的逻辑符号，其功能见表 3.3.3。

集成计数器 74LS161 的功能及特点如下。

（1）异步清零功能。$\overline{R}_D$ 是清 0 端，当 $\overline{R}_D$ 输入低电平时，无论电路其他各输入端状态如何，计数器输出置 0，即 $Q_3Q_2Q_1Q_0=0000$。由于清 0 操作与时钟 CP 无关，故称为异步清零。电路不需要清零时，$\overline{R}_D$ 应始终输入高电平。

表 3.3.3 **74LS161 功 能 表**

输入									输出			
$\overline{R}_D$	$\overline{LD}$	ET	EP	CP	D_3	D_2	D_1	D_0	Q_3	Q_2	Q_1	Q_0
0	×	×	×	×	×	×	×	×	0	0	0	0
1	0	×	×	↑	d_3	d_2	d_1	d_0	d_3	d_2	d_1	d_0
1	1	1	1	↑	×	×	×	×	计数			
1	1	×	0	×	×	×	×	×	保持			
1	1	0	×	×	×	×	×	×	保持（但 C=0）			

（2）预置数功能。$\overline{R}_D=1$ 同时 $\overline{LD}=0$ 时，在并行数据输入端 D_0、D_1、D_2、D_3 对应输入预置数 $d_0\sim d_3$，当时钟 CP 的正边沿到来时，计数器的输出 $Q_3Q_2Q_1Q_0=d_3d_2d_1d_0$。$\overline{LD}$ 称为预置数控制端。预置数功能可用于设置计数器的初始状态，也可用于构成 16 以内的各种不同进制的计数器。

（3）同步二进制加法计数功能。EP、ET 称为计数控制端。$\overline{R}_D=\overline{LD}=1$，EP=ET=1 时，计数器处于计数状态，输入计数脉冲 CP 就完成同步四位二进制加法计数功能，计数器的状态更新在 CP 的正边沿时刻。

（4）保持功能。$\overline{R}_D=\overline{LD}=1$，且 EP 和 ET 中有 0 时，不管有无 CP 作用，计数器都将保持原有状态不变（停止计数）。但要说明，当 EP=0，ET=1 时，进位输出 C 也保持不变；而当 ET=0 时，不管 EP 状态如何，进位输出 C=0。

(5) C 是进位输出端。计数没有溢出时，C=0。$Q_3Q_2Q_1Q_0$=1111 时，C 由 0 跳变为 1，下一个时钟 CP 的正边沿到来的时刻，$Q_3^{n+1}Q_2^{n+1}Q_1^{n+1}Q_0^{n+1}$=0000，C 由 1 跳变为 0。即计数溢出时 C 输出一个脉宽为一个 CP 周期的高电平脉冲。74LS161 的时序图如图 3.3.10 所示。

Q_0～Q_3 为计数器的数据输出端，CP 为计数器的时钟信号输入端，正边沿有效。

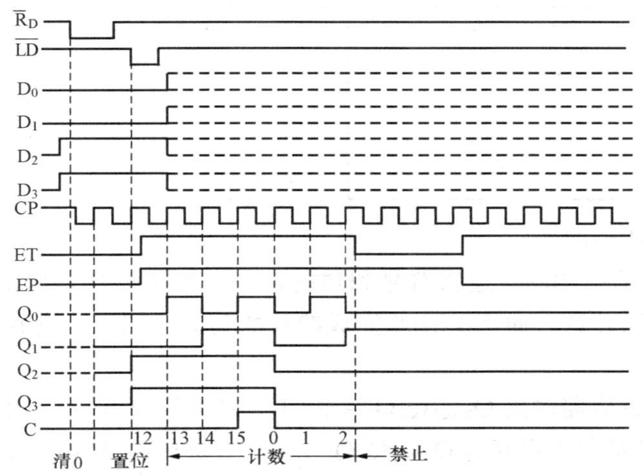

图 3.3.10　74LS161 同步二进制计数器时序图

2. 集成异步二进制计数器 74LS93

图 3.3.11 所示为计数器 74LS93 的逻辑符号和逻辑图，其功能表见表 3.3.4。分析图 3.3.11 (b) 的工作情况：$R_{D1}=R_{D2}=1$ 时，计数器清零。计数时，$R_{D1}\cdot R_{D2}=0$。

表 3.3.4　74LS93 功能表

输入		输出			
R_{D1}	R_{D2}	Q_3	Q_2	Q_1	Q_0
1	1	0	0	0	0
0	×		计	数	
×	0		计	数	

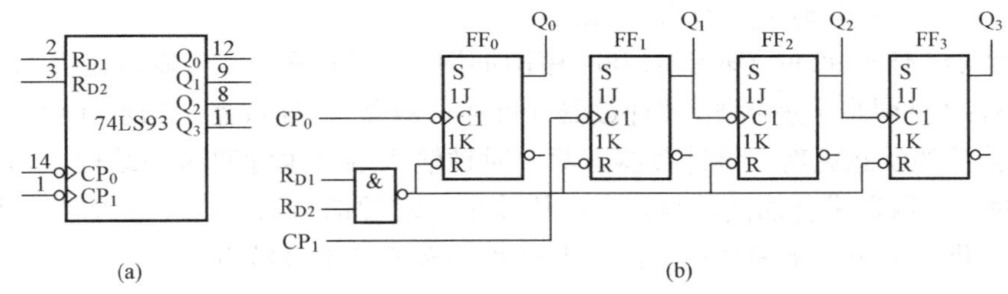

图 3.3.11　异步二进制加法计数器 74LS93

(a) 逻辑符号；(b) 逻辑图

时钟信号从 CP_0 输入，数据由 Q_0 输出，就构成一位二进制计数器；时钟信号从 CP_1 输入，数据由 $Q_3Q_2Q_1$ 输出，就构成三位二进制加法计数器（或称一位八进制计数器）。

若将 Q_0 端与 CP_1 端在外部连接，由 $Q_3Q_2Q_1Q_0$ 端输出数据，就构成四位二进制加法计数器（或称一位十六进制计数器）。

3. 集成计数器 74LS163

集成计数器 74LS163 的逻辑符号如图 3.3.12 所示，其功能表见表 3.3.5。集成计数器 74LS163 和 74LS161 的逻辑功能基本相同，唯一的区别是 74LS161 是异步清零，而 74LS163 采用的是同步清零。

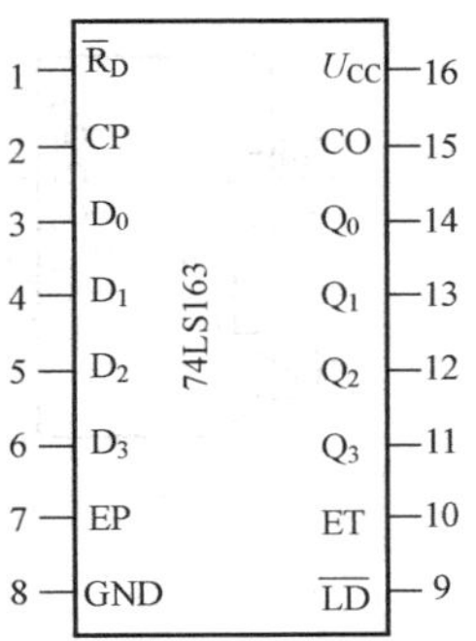

图 3.3.12　二进制同步计数器 74LS163 的逻辑符号

同步清零是指在 $\overline{R}_D$ 输入低电平的条件下，只有在计数脉冲 CP 的正边沿到来的时刻，计数器才完成清零。CO 是进位输出端。

表 3.3.5　　　　74LS163 功能表

输入									输出			
$\overline{R}_D$	$\overline{LD}$	EP	ET	CP	D_3	D_2	D_1	D_0	Q_3	Q_2	Q_1	Q_0
0	×	×	×	↑	×	×	×	×	0	0	0	0
1	0	×	×	↑	d_3	d_2	d_1	d_0	d_3	d_2	d_1	d_0
1	1	1	1	↑	×	×	×	×	计			数
1	1	0	1	×	×	×	×	×	保			持
1	1	×	0	×	×	×	×	×	保持（但 CO=0）			

4. 集成同步十进制加法计数器 74LS160

集成计数器 74LS160 与 74LS161 的引脚图、逻辑符号和功能表完全相同，但 74LS161 完成的计数功能是同步四位二进制加法计数，而 74LS160 完成的计数功能是同步十进制加法计数。

若 74LS160 工作在计数状态，当计数器输出 $Q_3Q_2Q_1Q_0=1001$ 时（进位输出端 C=1），下一个 CP 的正边沿到来时刻，计数器的状态更新为 $Q_3Q_2Q_1Q_0=0000$（进位输出端 C=0），实现“逢十进一”的计数规律。进位脉冲在计数器输出端 $Q_3Q_2Q_1Q_0=1001$ 时给出。计数输出的时序图与时钟正边沿触发的十进制加法计数器的完全相同。

5. 集成同步十进制加/减计数器 74LS192

集成计数器 74LS192 的逻辑符号和时序图如图 3.3.13 所示，功能表见表 3.3.6。集成计数器 74LS192 是同步十进制加/减计数器（可逆计数器）。计数器是同步计数，在时钟 CP 的上升沿计数器的状态更新。该计数器有两个时钟输入端（也称双时钟结构），时钟信号从 CU 端输入时，计数器进行加法计数，有进位输出；时钟信号从 CD 端输入时，计数器进行减法计数，有借位输出。下面详细介绍 74LS192 的逻辑功能及特点。

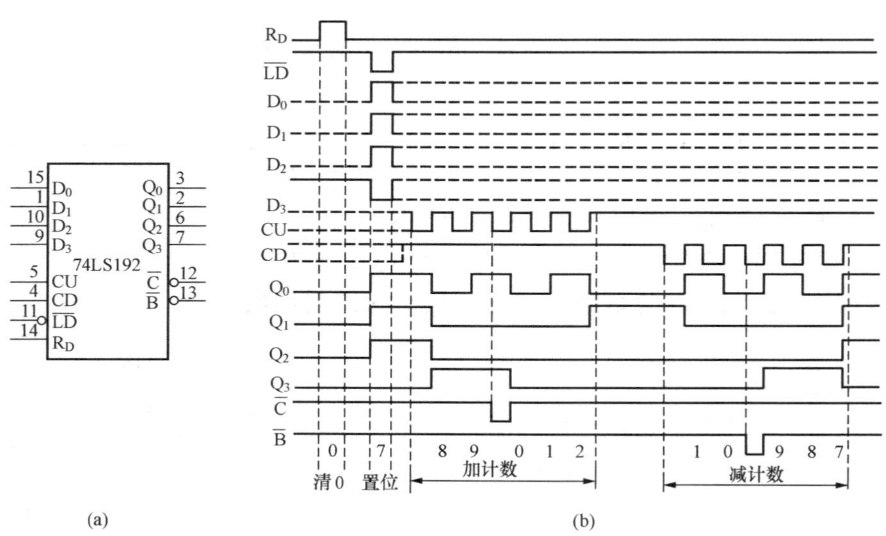

图 3.3.13　74LS192 的逻辑符号和时序图

（a）逻辑符号；（b）时序图

74LS192 是异步置 0，置 0 端为 R_D，高电平有效。即，当 $R_D=1$ 时，无论其他输入端是什么状态，计数器被清 0，$Q_3Q_2Q_1Q_0=0000$。

$\overline{LD}$是异步数码预置端。当$\overline{LD}=R_D=0$ 时，不需要时钟信号触发，计数器的输出 $Q_3 \sim Q_0$ 的状态与数据输入端 $D_3 \sim D_0$ 的数据相同。数码预置功能多用于设置计数器的初始状态。

$\overline{LD}=1$，$R_D=0$，CD=1，时钟信号从 CU 端输入，每当计数脉冲的上升沿到来时刻，计数器的状态按照 8421BCD 码进行加法计数。设计数器的初始状态 $Q_3Q_2Q_1Q_0=0000$，那么，在 CU 端输入的第 9 个计数脉冲的上升沿到来时，计数器的状态更新为 $Q_3Q_2Q_1Q_0=1001$，而第 9 个计数脉冲的下降沿到来时，进位输出端$\overline{C}$产生一个负脉冲（$\overline{C}$由 1 跳变为 0），第 10 个计数脉冲的上升沿到来时，计数器的状态回到初始状态 $Q_3Q_2Q_1Q_0=0000$，完成“逢十进一”的十进制计数，同时，$\overline{C}$的负脉冲结束（$\overline{C}$由 0 跳变为 1）。$\overline{C}$是加法计数时的进位输出端。

减法计数时，$\overline{LD}=1$，$R_D=0$，CU=1，时钟信号从 CD 端输入。设计数器的初始状态 $Q_3Q_2Q_1Q_0=1001$，在计数脉冲的上升沿作用下，计数器的状态按照 8421BCD 码递减进行减法计数。当 CD 端输入的第 9 个计数脉冲的上升沿到来时，计数器的状态更新为 $Q_3Q_2Q_1Q_0=0000$，第 9 个计数脉冲的下降沿到来时，借位输出端$\overline{B}$输出一个负脉冲（$\overline{B}$由 1 跳变为 0），第 10 个计数脉冲的上升沿到来时，计数器的状态回到初始状态 $Q_3Q_2Q_1Q_0=1001$，同时，$\overline{B}$输出的负脉冲结束（$\overline{B}$由 0 跳变为 1）。$\overline{B}$是减法计数时的借位输出端。

利用$\overline{C}$或$\overline{B}$与后一级计数器的对应时钟端相连，可以实现多位计数器的级连，增大计数器的计数容量。

表 3.3.6　　74LS192 的功能表

输入								输出			
$\overline{LD}$	R_D	CU	CD	D_3	D_2	D_1	D_0	Q_3	Q_2	Q_1	Q_0
×	1	×	×	×	×	×	×	0	0	0	0
0	0	×	×	d_3	d_2	d_1	d_0	d_3	d_2	d_1	d_0
1	0	1	↑	×	×	×	×	减法计数			
1	0	↑	1	×	×	×	×	加法计数			
1	0	1	1	×	×	×	×	保　持			

【例 3.3.1】　用两个 74LS192 组成一百进制加法计数器。

解　74LS192 是十进制计数器，用两个 74LS192 有效的级连在一起，就能实现一百进制计数。其连接方式如图 3.3.14 所示，1 片的 $\overline{C}$ 端与2 片的 CU 端连接。

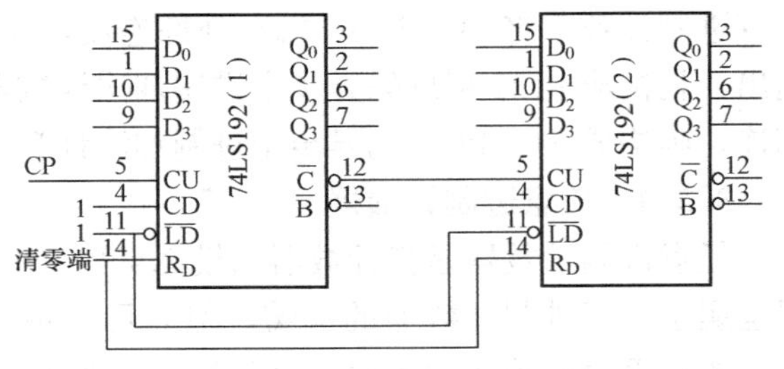

图 3.3.14　用两个 74LS192 构成一百进制加法计数器

首先，给 R_D 输入一个正脉冲（$R_D=1$），使两级计数器清 0，然后保证$\overline{LD}=1$，$R_D=0$，CD=1，时钟信号从个位（1 片）的 CU 端输入，计数器开始加法计数。随着计数脉冲的输入，当第 10 个脉冲的上升沿到来时，个位计数器 74LS192 的输出状态由 1001 更新为 0000，同时其进位端$\overline{C}$由 0→1，为十位的计数器（2 片）74LS192 的时钟端输入一个计数脉冲（上升沿），使十位的计数器 74LS192 开始计数（加 1）。这样，个位 74LS192 的时钟端每输入 10 个计数脉冲，其进位端 $\overline{C}$就为十位 74LS192 的时钟端输入一个计数脉冲，直到第 100 个 CP 脉冲上升沿到来时刻，计数器的状态由 10011001 更新为 00000000，完成一次计数循环。

6. 集成异步二—五—十进制计数器 74LS290

74LS290 逻辑图如图 3.3.15 所示。它的使用非常灵活方便，可以实现二进制、五进制和十进制加法计数器功能，其功能表见表 3.3.7。

表 3.3.7 74LS290 的功能表

输入					输出			
R_{01}	R_{02}	S_{91}	S_{92}	CP	Q_3	Q_2	Q_1	Q_0
1	1	0	×	×	0	0	0	0
1	1	×	0	×	0	0	0	0
×	0	1	1	×	1	0	0	1
0	×	1	1	×	1	0	0	1
×	0	×	0	↓	计数			
0	×	0	×	↓	计数			
0	×	×	0	↓	计数			
×	0	0	×	↓	计数			

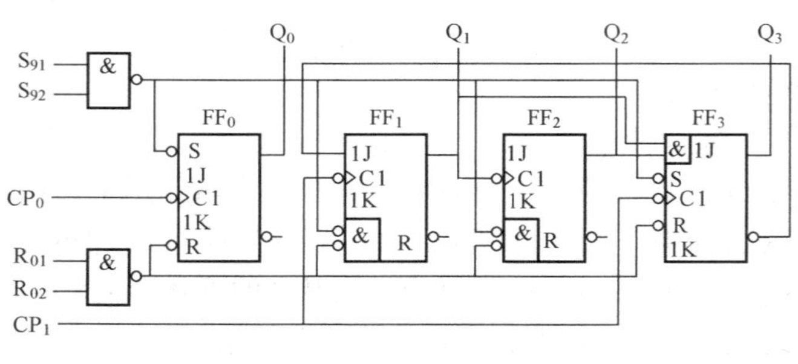

图 3.3.15 二—五—十进制加法计数器 74LS290

（1）异步清零。R_{01}、R_{02}称为异步清零端。从表 3.3.7 第 1、第 2 行可以看出，当 $S_{92}\cdot S_{91}=0$ 时，只要 $R_{01}=R_{02}=1$，则计数器置 0，使 $Q_3Q_2Q_1Q_0=0000$，与 CP 信号无关，因而称为“异步清零”。

（2）异步置 9。S_{91}、S_{92}称为异步置 9 端。$R_{01}\cdot R_{02}=0$ 时，只要 $S_{92}=S_{91}=1$，计数器的输出 $Q_3Q_2Q_1Q_0=1001$，也与 CP 信号无关。

置 9 端 S_{92}、S_{91}和清零端 R_{01}、R_{02}的有效电平均为高电平，它们不能同时输入有效电平。计数器需要清零时，必须保证 $S_{92}\cdot S_{91}=0$；计数器需要置 9 时，必须保证 $R_{01}\cdot R_{02}=0$。当计数器工作在计数状态时，需使 $S_{92}\cdot S_{91}=0$ 和 $R_{01}\cdot R_{02}=0$ 同时满足。

（3）计数功能。在 $S_{92}\cdot S_{91}=0$ 和 $R_{01}\cdot R_{02}=0$ 同时满足的条件下，电路工作在计数状态，CP 是负边沿触发。由逻辑图可以看出，计数脉冲从 CP_0 输入，数据由 Q_0 输出，实现一位二进制计数器（或二分频）；计数脉冲从 CP_1 输入，计数数据由 $Q_3Q_2Q_1$ 输出，实现一位五进制计数；将 Q_0 与 CP_1 端在外部连接，计数脉冲由 CP_0 输入，计数结果由 $Q_3Q_2Q_1Q_0$ 输出，就构成 8421BCD 码异步十进制加法计数器；若将计数脉冲从 CP_1 端输入，CP_0 与 Q_3 相连，则构成 5421BCD 码异步十进制加法计数器。

3.3.4 任意进制计数器

任意进制计数器是指计数器的模 $N\neq 2^n$（n 为正整数）的计数器，严格的说十进制计数器也属于任意进制计数器的范畴，但因目前集成电路的定型产品多为二进制和十进制计数器，故这里讨论的任意进制计数器是指二进制和十进制计数器以外的计数器，他们均可以由若干个适当的二进制或十进制计数器经过外部组合逻辑电路的连接而实现。

设已有的集成计数器的模为 N，需要实现 M 进制计数器。利用已有的集成计数器构成任意进制计数器的手段主要有三类。

（1）当 $M=N$ 时，直接选用集成计数器成品，如二进制计数器、十进制计数器等。

（2）当 $N>M$ 时，通过改变已有计数器的长度（计数器的模）可以实现 M 进制计数器。其基本原理是：在 N 进制计数器的顺序计数过程中，设法跳过（$N-M$）个状态，就可以得到 M 进制计数器。

方法一：直接复位法（或称反馈置零法）。

直接复位法适用于具有异步置零输入端的计数器。设现有的计数器为 N 进制计数器，初始状态为 0 状态，用 S_0 表示。计数器从 0 状态开始计数并接收了 M 个计数脉冲以后，电路进入 S_M 状态。如果此时产生一个置零信号加到计数器的异步置零输入端，这样就可以使计数器跳过 $N-M$ 个状态，直接返回 S_0 状态，从而实现 M 进制计数器。

由于电路一进入 S_M 状态后立即被置成 S_0 状态，所以 S_M 状态只在极短的瞬时出现，在稳定的状态循环中不包括 S_M 状态。读者可以用示波器自行观察并验证。

方法二：反馈置数法。

反馈置数法是通过给计数器在适当的时刻输入所需的数据，使计数器跳过（$N-M$）个状态，从而获得 M 进制计数器。这种方法适用于有预置数功能的计数器电路。

对于同步预置数计数器（如 74LS160、74LS161），若需在 S_M 状态使计数器返回预置状态，应在 S_{M-1} 状态时给预置数控制端 $\overline{LD}$ 输入有效电平，等到下一个时钟脉冲到来，计数器的状态更新为预置状态（初始状态）。计数器稳定的状态循环中不包括 S_M 状态，实现了 M 进制计数器。

反馈置数法可以使电路从任一状态开始实现 M 进制计数。

【例 3.3.2】 用直接复位法将同步十进制计数器 74LS160 接成七进制计数器。图 3.3.16（a）是 74LS160 的逻辑符号，图 3.3.16（b）是正边沿触发的十进制计数器的时序图，74LS160 功能表见表 3.3.8。

表 3.3.8　74LS160 的功能表

输入									输出				引脚功能说明
$\overline{R}_D$	$\overline{LD}$	ET	EP	CP	D_3	D_2	D_1	D_0	Q_3	Q_2	Q_1	Q_0	
0	×	×	×	×	×	×	×	×	0	0	0	0	D_3～D_0 为并行数据输入端
1	0	×	×	↑	d_3	d_2	d_1	d_0	d_3	d_2	d_1	d_0	$\overline{R}_D$ 为异步清零端
1	1	1	1	↑	×	×	×	×	计数				$\overline{LD}$ 为同步并行置数控制端
1	1	0	×	×	×	×	×	×	保持				ET、EP 为计数器控制端
1	1	×	0	×	×	×	×	×	保持				

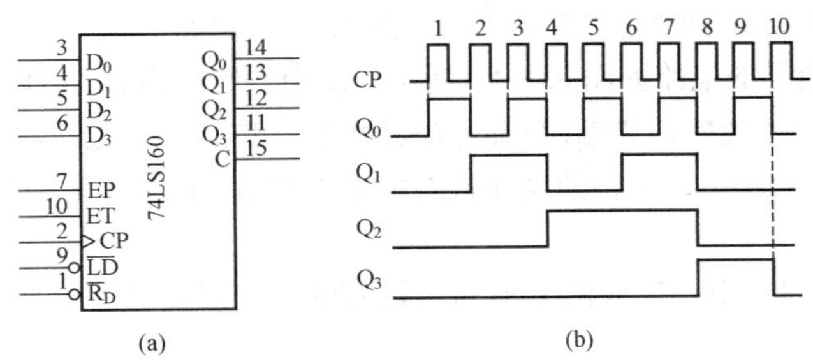

图 3.3.16　74LS160 的逻辑符号和十进制计数器的时序图

（a）逻辑符号；（b）时序图

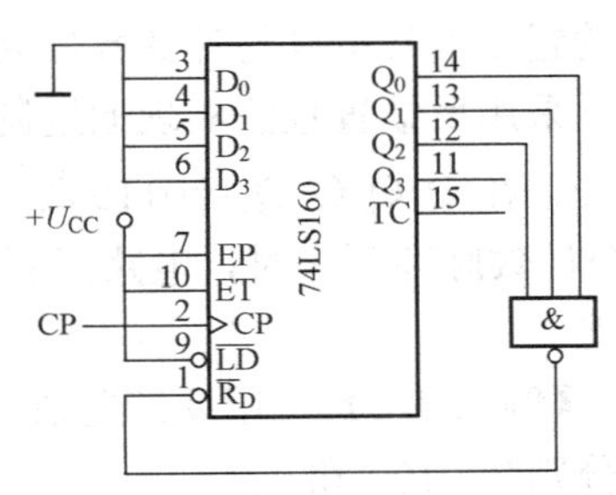

图 3.3.17　直接复位法接成的七进制计数

解 写出 S_M 的二进制代码，这里 $M=7$。

$$S_7 = 0111 = Q_3Q_2Q_1Q_0$$

利用输出状态为 1 的 Q 端反馈到 $\overline{R_D}$ 端进行复位，并外加与非门。关系式：

$$\overline{R_D} = \overline{Q_2Q_1Q_0}$$

画出用与非门和 74LS160 构成的七进制计数器，如图 3.3.17 所示。

计数器由 $Q_3Q_2Q_1Q_0=0000$ 状态开始计数，当第 7 个计数脉冲输出 $Q_3Q_2Q_1Q_0=0111$ 时，因为 $\overline{R_D}=\overline{Q_2Q_1Q_0}=\overline{1\cdot1\cdot1}=0$，直接将计数器置 0，回到 $Q_3Q_2Q_1Q_0=0000$ 的状态。电路共有 0000→0001→0010→0011→0100→0101→0110 七个状态，代表七进制的七个数码。

七进制计数器的时序图如图 3.3.18 所示。

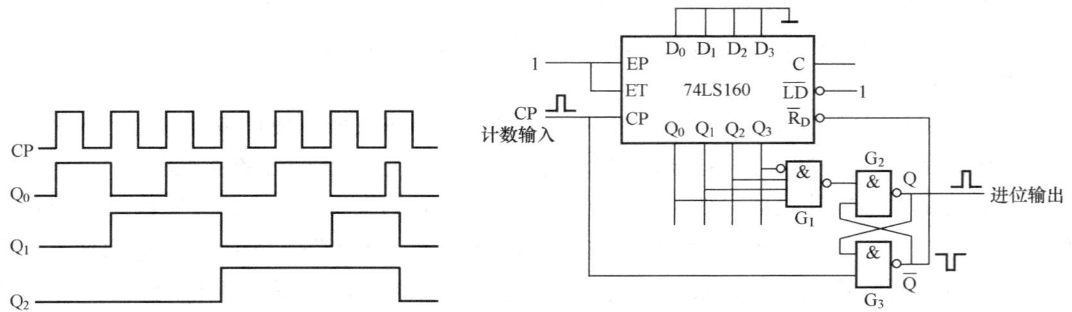

图 3.3.18 （直接复位法）七进制计数器时序图

图 3.3.19 图 3.3.17 电路的改进电路

由于置 0 信号随着计数器被置 0 而立即消失，所以置 0 信号持续时间极短，如果触发器的复位速度有快有慢，则可能出现动作慢的触发器还未来得及复位，置 0 信号已经消失，导致电路误动作。因此，这种接法的电路可靠性低。

图 3.3.19 是图 3.3.17 电路的改进电路。图中与非门 G_2、G_3 组成了基本 RS 触发器，由其 $\overline{Q}$ 为 $\overline{R_D}$ 提供置 0 信号。

计数器从 0000 状态开始计数，第 7 个计数脉冲的正边沿到来时，计数器输出 $Q_3Q_2Q_1Q_0=0111$，与非门 G_1 输出 0，基本 RS 触发器置 1，$\overline{Q}$ 输出低电平，计数器置 0（$Q_3Q_2Q_1Q_0=0000$）。这时 G_1 的输出由 0 跳变为 1，CP=1，基本 RS 触发器输入全 1，状态保持不变，因而，计数器的置 0 信号得以维持。直到计数脉冲 CP 回到低电平（第 7 个计数脉冲的负边沿到来），基本 RS 触发器 $\overline{Q}$ 端输出的低电平信号消失。可见，加到计数器 $\overline{R_D}$ 端的置 0 信号宽度与计数脉冲高电平持续的时间相等，克服了图 3.3.17 电路的缺点。

采用反馈置数法实现七进制计数器的电路如图 3.3.20 所示。图中预置数为 $D_3D_2D_1D_0=0000$，在 $Q_3Q_2Q_1Q_0=0110$ 时就给异步数码预置端 $\overline{LD}$ 输入有效电平，即 $\overline{LD}=\overline{Q_2Q_1}=0$，第 7 个计数脉冲到来时，电路回到预置数状态，电路的循环状态中不出现 $Q_3Q_2Q_1Q_0=0111$ 的情况。

【例 3.3.3】 用反馈置数法将 74LS160 接成两个不同预置数的六进制计数器，其预置数分别为 0100 和 0011。

解 图 3.3.21（a）预置数 $D_3D_2D_1D_0=0100$，电路工作状态的顺序是 0100→0101→0110→0111→1000→1001。当计数器计到状态 1001 时，进位端 C 为 1，经非门后使 $\overline{LD}$ 为 0，

于是，下一个时钟到来时，将 $D_3 \sim D_0$ 端的数据 0100 送入计数器，此后又从 0100 开始计数，一直计数到 1001，又重复上述过程。

图 3.3.21（b）预置数 $D_3D_2D_1D_0 = 0011$，电路工作状态的顺序是 0011→0100→0101→0110→0111→1000，外加非门，关系为 $\overline{LD} = \overline{Q_3}$，工作原理同上。

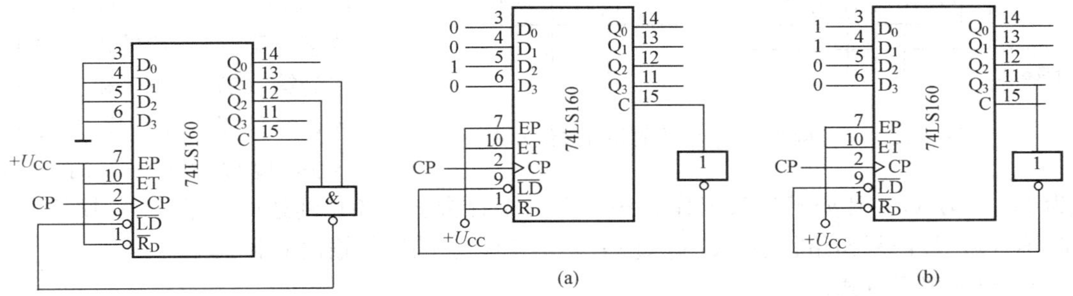

图 3.3.20　（反馈置数法）七进制计数器

图 3.3.21　六进制计数器

（a）利用进位端 C 反馈置数；（b）利用输出端 Q_3 反馈置数

【例 3.3.4】 用四位同步二进制计数器 74LS161 构成十进制计数器。

解　74LS161 有 0000～1111 共十六个状态，构成十进制计数器时，只需跳过 1010～1111 这六个状态即可。

图 3.3.22（a）采用的是直接复位法，$S_m = S_{10} = 1010$。首先使电路的初始状态为 $Q_3Q_2Q_1Q_0 = 0000$。当计数到 $Q_3Q_2Q_1Q_0 = 1010$ 时，给 $\overline{R}_D$ 输入有效电平，即 $\overline{R}_D = \overline{Q_3Q_1} = 0$，电路的状态迅速更新为 0 状态实现十进制计数。

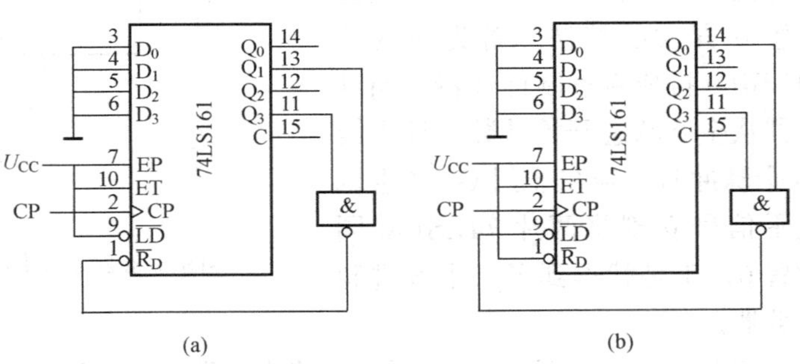

图 3.3.22　74LS161 构成十进制计数器

（a）直接复位法；（b）反馈置数法

图 3.3.22（b）采用的是反馈置数法。预置数 $D_3D_2D_1D_0 = 0000$，电路从 0 状态开始输入计数脉冲，输入第 9 个计数脉冲时，电路输出 $Q_3Q_2Q_1Q_0 = 1001$，$\overline{LD} = \overline{Q_3Q_0} = 0$，下一个 CP 脉冲到来的时刻，电路被反馈置数回到初始状态（$Q_3Q_2Q_1Q_0 = 0000$）实现十进制计数。电路的计数循环中不出现 $Q_3Q_2Q_1Q_0 = 1010$ 的状态。

（3）当 $N < M$ 时，此时一片计数器不能满足要求，需要多片 N 进制计数器组合起来构成 M 进制计数器。各片之间的连接方式可分为串行进位方式、并行进位方式、整体置零方式和整体置数方式几种。下面以两片计数器的连接为例，分别说明这四种连接方式。

1）串行进位方式。

［例 3.3.1］中用两片 74LS192 组成的一百进制计数器应用的就是串行进位方式，这里不再赘述。

2）并行进位方式。

【例 3.3.5】 试用两片 74LS160 接成百进制计数器。

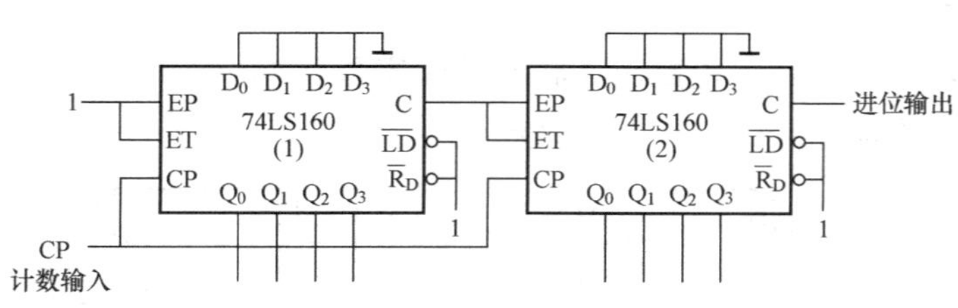

图 3.3.23 ［例 3.3.5］电路的并行进位方式

解 图 3.3.23 是采用并行进位方式接成的百进制计数器。其中，第（1）片的 EP 和 ET 输入恒为 1，始终处于计数状态。第（1）片的进位输出 C 作为第（2）片 EP 和 ET 的输入，每当第（1）片计数到 9（$Q_3Q_2Q_1Q_0=1001$）时，C 跳变为 1，使第（2）片处于计数工作状态，下一个计数脉冲 CP 到达时，第（2）片计入 1；同时第（1）片恢复初始状态（$Q_3Q_2Q_1Q_0=0000$），它的进位输出 C 回到 0。

3）整体置零方式。

【例 3.3.6】 试用两片 74LS160 接成二十五进制计数器。

解 因为 $(25)_{10}=(0010,0101)_{8421BCD}$

所以第 25 个脉冲到来时，第（2）片的 $Q_1=1$，第（1）片的 $Q_2=1$，$Q_0=1$，将这三个为 1 的 Q 端作为与非门 G_1 的输入。图 3.3.24 是整体置 0 方式的接法。首先将两片 74LS160 接成百进制计数器。当计数器从全 0 状态开始计数，计入第 25 个脉冲时，经与非门 G_1 产生低电平信号立刻将两片 74LS160 同时置 0，于是就得到了二十五进制计数器。

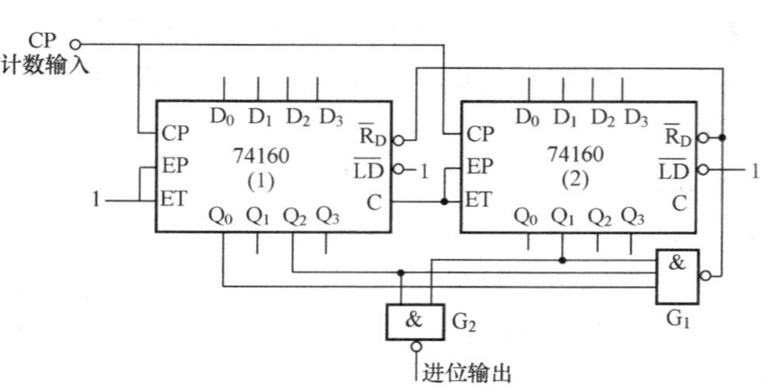

图 3.3.24 ［例 3.3.6］电路的整体置零方式

需要注意的是图 3.3.24 所示电路中，第（2）片不出现 1001 状态，所以它的进位端 C 不能给出“逢二十五进一”的进位信号，且门 G_1 输出的脉冲持续时间极短，不宜作进位信号，需引入进位输出电路（与非门 G_2）。如果要求输出进位信号持续时间为一个时钟信号周期，则应从电路的第 24 状态译出。当电路计入第 24 个计数脉冲后，将这时输出为 1 的第（2）片的 Q_1、第（1）片的 Q_2 作为与非门 G_2 的输入，则门 G_2 输出低电平，第 25 个计数脉冲到达后门 G_2 输出跳变为高电平。

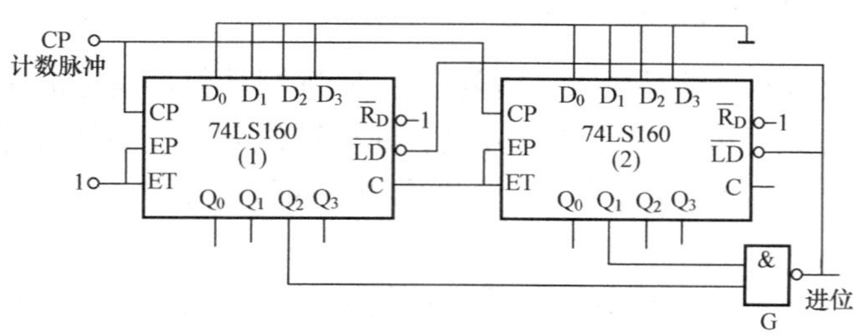

图 3.3.25 ［例 3.3.6］电路的整体置数方式

4）整体置数方式。

整体置 0 法的缺点是可靠性较差，而且往往还需要外加进位输出电路。图 3.3.25 所示电路是采用整体置数接法的二十五进制计数器。电路的原理是：

将两片 74LS160 计数器的置

数端 $D_3D_2D_1D_0=0000$

$$(24)_{10}=(0010,0100)_{8421BCD}$$

所以将第（2）片的 Q_1、第（1）片的 Q_2 接到与非门 G 的输入端，在第 24 个计数脉冲到来时，使置数控制端 $\overline{LD}=0$，在下一个计数脉冲到达时，将 0000 同时置入两片 74LS160，从而获得二十五进制计数器。同时门 G 也给出进位信号。这里，进位输出信号可以持续一个时钟信号周期，所以更加可靠。

3.3.5　计数器综合应用举例

图 3.3.26 所示为数字钟的逻辑方框图。其中，秒信号发生器、秒计时、分计时和小时计时部分均是采用各种不同进制的计数器。

秒信号发生器是将晶体振荡器输出的高频信号经过分频器（计数器）多次分频而获得的，如图 3.3.27 所示。

秒计时、分计时电路均采用的是六十进制的计数器。一天 24h，故小时计时部分用二十四进制的计数器。

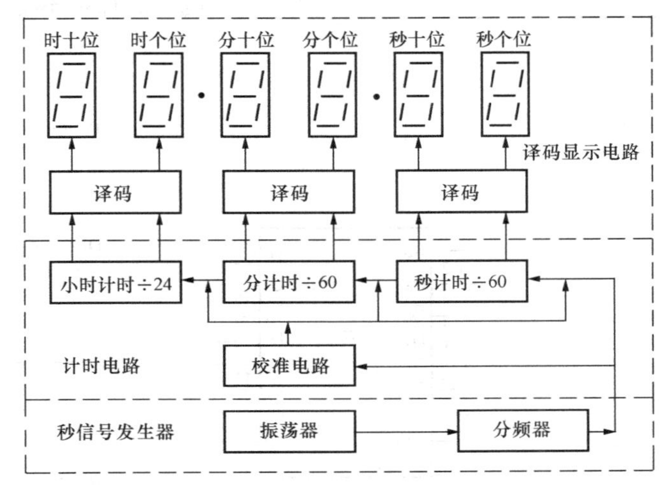

图 3.3.26　数字钟逻辑方框图

数字钟计时显示的基本原理是：石英晶体振荡器输出的高频信号经过分频器分频，得到标准的秒信号。将它送往秒计时电路，当计满 60s 时，产生进位信号送往分计时电路。分计时电路计满 60min 时，产生进位信号送往小时计时电路。小时计时电路计满 24h 时，计时电路自动复位到 00：00：00，然后重新开始计时。实际数字钟的电路因选用的集成电路不同也有所不同。

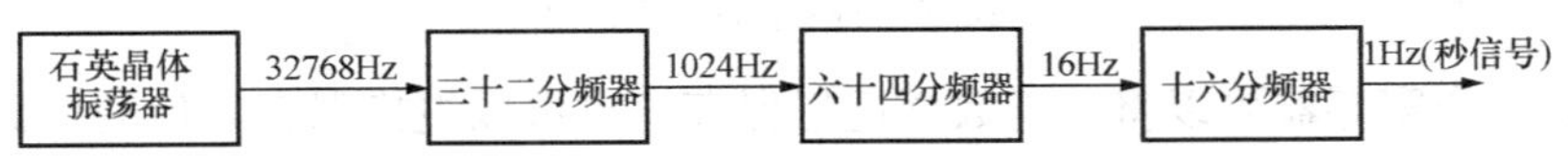

图 3.3.27　秒信号发生器方框图

3.4　寄　存　器

寄存器专用于寄存一组二进制数据，广泛用于各类数字系统和数字计算机中。

一个触发器可以存储一位二进制代码，n 个触发器和相应的控制电路组成 n 位寄存器，可以同时寄存 n 位二进制代码，常用的寄存器有数码寄存器和移位寄存器。

3.4.1　数码寄存器

只有接收、记忆数码功能的数字逻辑部件称为数码寄存器。图 3.4.1 是 74LS175 的逻辑符号和逻辑图，其功能表见表 3.4.1。

$\overline{R}_D$ 是异步清零端。为了保证寄存数据准确，寄存数据的第一步是给 $\overline{R}_D$ 输入一个负脉冲，使寄存器清零，这一点在寄存器中显得尤为重要。

表 3.4.1　74LS175 功能表

输入			输出
$\overline{R}_D$	CP	D_i	Q_i^{n+1}
0	×	×	0
1	↑	1	1
1	↑	0	0
1	×	×	Q_i^n

$D_0 \sim D_3$ 是寄存器的并行数据输入端。74LS175 有四个数据输入端，故它可以同时寄存四位二进制代码。在时钟 CP（也称接收脉冲）作用下，$D_0 \sim D_3$ 的数据置入寄存器中，此时寄存器的输出 $Q_0 \sim Q_3$ 与 $D_0 \sim D_3$ 的数据对应相等。

$\overline{R}_D=1$、时钟 CP 无论为 0 还是为 1，时寄存器的状态保持不变即实现记忆功能。

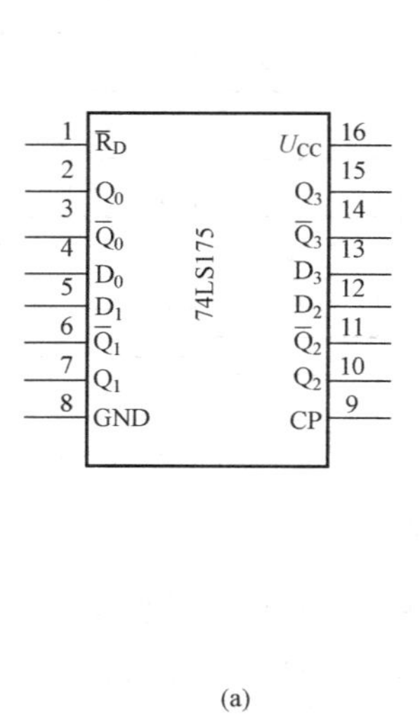

(a)

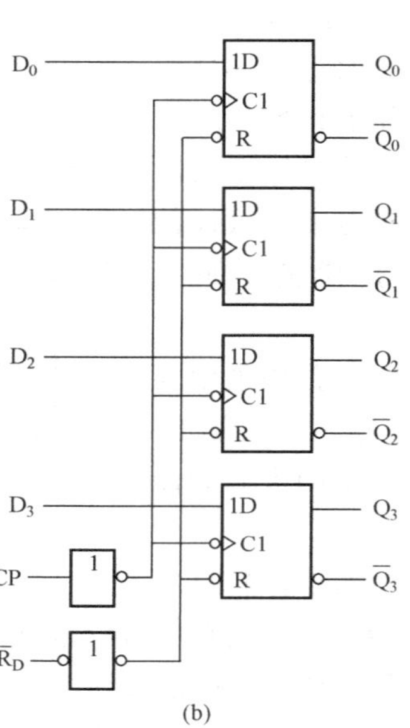

(b)

图 3.4.1　74LS175 的逻辑符号和逻辑图

(a) 逻辑符号；(b) 逻辑图

显然，同一个寄存器可以将一组数据记忆保存，也可以更换保存其他的数据，但同时只能记忆一组数据。

3.4.2　移位寄存器的功能及工作原理

移位寄存器具有数码寄存和移位功能，所谓移位功能，是指寄存器里存储的二进制代码在移位脉冲的作用下可以依次左移或右移。具有数据左移位功能的寄存器称为左移寄存器；具有数据右移位功能的寄存器称为右移寄存器；具有双向移位功能的寄存器称为双向移位寄存器或可逆寄存器。

图 3.4.2 所示为正边沿触发的 D 触发器组成的 4 位移位寄存器。其中触发器 FF_0 的数据输入端 D 作为移位寄存器的数据输入端，用来接收输入信号，用 D_i 表示，称为串行输入。其余的每个触发器的输入端 D 均与相邻低位触发器的输出端 Q 相连。CP 称为移位脉冲，$Q_3 \sim Q_0$ 称为并行数据输出端，D_0（Q_3）称为串行数据输出端，$\overline{R}_D$ 是清零端。

首先，给清零端 $\overline{R}_D$ 一个负脉冲，使寄存器清零。由于每个触发器的输入端 D 与前一个触发器的输出端 Q 相连，各触发器受同一个 CP 信号控制，当 CP 的正边沿到来时刻，根据 D 触发器的特性方程 $Q^{n+1}=D$ 可知

$$Q_0^{n+1} = D_{SR}$$
$$Q_1^{n+1} = D_1 = Q_0^n$$
$$Q_2^{n+1} = D_2 = Q_1^n$$
$$Q_3^{n+1} = D_3 = Q_2^n$$

即 D_{SR}的数据右移至 Q_0，Q_0 的数据右移至 Q_1，Q_1 的数据右移至 Q_2，Q_2 的数据右移至 Q_3，Q_3 的数据由 D_o（Q_3）串行输出。这样每来一个 CP 脉冲，就将 D_{SR}端输入的数据依次右移一位。

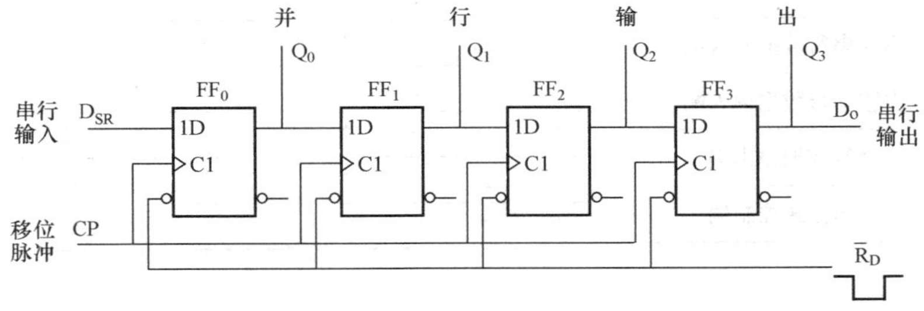

图 3.4.2　用 D 触发器组成的右移移位寄存器

表 3.4.2　右移移位寄存器的状态转换表

移位脉冲	串行输入数据	移位寄存器的状态			
CP	D_{SR}	Q_0	Q_1	Q_2	Q_3
0	0	0	0	0	0
1	1	1	0	0	0
2	0	0	1	0	0
3	1	1	0	1	0
4	1	1	1	0	1

若由 D_{SR}端依次输入一组数据 1011，在 CP 脉冲作用下，移位寄存器的状态转换表见表 3.4.2。

图 3.4.2 所示为一个右移移位寄存器。如果数据输入端在移位寄存器的右端，串行输出端 D_o（Q_3）在移位寄存器的左端，在移位脉冲 CP 作用下，D_{SL}端输入的数据将依次左移。图 3.4.3 是一个左移移位寄存器。

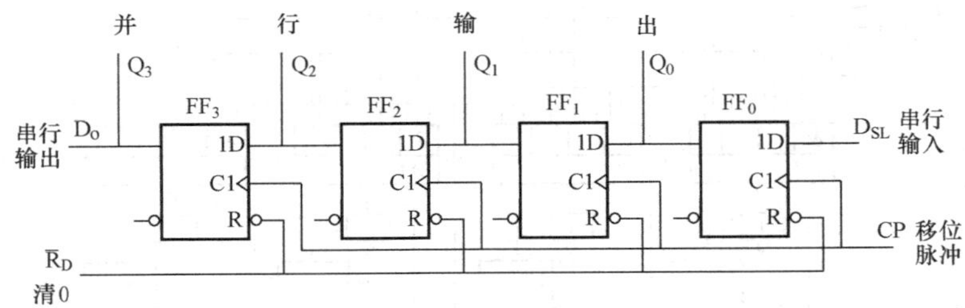

图 3.4.3　用 D 触发器构成的左移移位寄存器

3.4.3　集成寄存器

与计数器相同，在实际应用中我们更多的是使用成品的集成寄存器。下面介绍两种常见的集成寄存器。

1. 四位集成数码寄存器 74LS175

在介绍数码寄存器时已详述，不再赘述。

2. 四位双向移位寄存器 74LS194

74LS194 是四位双向移位寄存器，图 3.4.4 是 74LS194 的逻辑符号和逻辑图，其逻辑符号见表 3.4.3，功能表见表 3.4.4。

表 3.4.3　74LS194 的逻辑符号

引脚符号	引脚功能
CP	时钟输入端（上升沿有效）
$\overline{R}_D$	清 0 输入端（低电平清 0）
$D_0\sim D_3$	并行数据输入端
D_{SR}	右移串行数据输入端
D_{SL}	左移串行数据输入端
$Q_0\sim Q_3$	并行数据输出端
S_0、S_1	工作方式控制端

表 3.4.4　74LS194 的功能表

输入							输出			
$\overline{R}_D$	S_1	S_0	CP	D_{SL}	D_{SR}	D_i	Q_0^{n+1}	Q_1^{n+1}	Q_2^{n+1}	Q_3^{n+1}
0	×	×	×	×	×	×	0	0	0	0
1	×	×	0（1）	×	×	×	Q_0^n	Q_1^n	Q_2^n	Q_3^n
1	1	1	↑	×	×	D_i	D_0	D_1	D_2	D_3
1	0	1	↑	×	1	×	1	Q_0^n	Q_1^n	Q_2^n
1	0	1	↑	×	0	×	0	Q_0^n	Q_1^n	Q_2^n
1	1	0	↑	1	×	×	Q_1^n	Q_2^n	Q_3^n	1
1	1	0	↑	0	×	×	Q_1^n	Q_2^n	Q_3^n	0
1	0	0	×	×	×	×	Q_0^n	Q_1^n	Q_2^n	Q_3^n

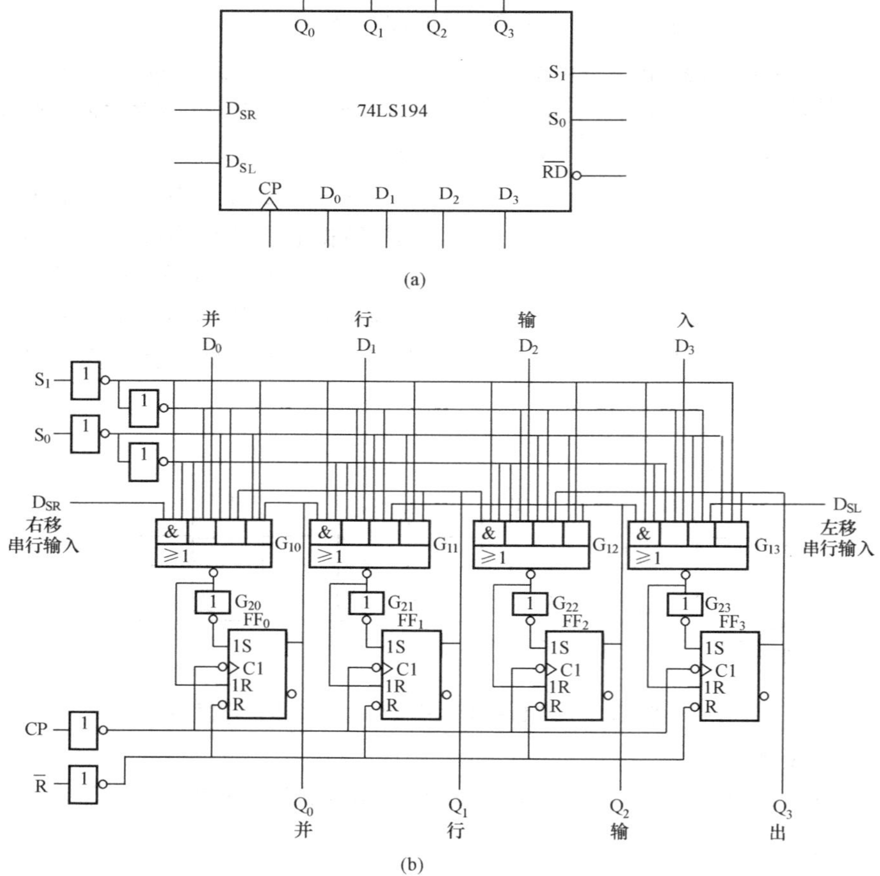

图 3.4.4　四位双向移位寄存器 74LS194

（a）逻辑符号；（b）逻辑图

从功能表可以看出：

(1) $\overline{R}_D$ 是异步清零端。

(2) $\overline{R}_D=1$，CP=0 时，寄存器的状态保持不变。

(3) $\overline{R}_D=1$，寄存器的工作方式控制端 $S_1=S_0=1$ 时，在时钟 CP 的上升沿（正边沿）作用下，$D_0\sim D_3$ 端并行输入的数据被存入寄存器，由 $Q_0\sim Q_3$ 端输出。此时实现的是数据的并入并出方式。

(4) $\overline{R}_D=1$，控制端 $S_1=0$，$S_0=1$ 时，数据从右移串行数据输入端 D_{SR} 输入，第一个时钟 CP 的上升沿（正边沿）到来时刻，D_{SR} 端输入的数据首先移入 Q_0，在后续 CP 脉冲的作用下，对应的数据就依次向 Q_3 方向右移，进行右移操作。此时 D_{SL} 端输入的数据不起作用。

(5) 当 $\overline{R}_D=1$，控制端 $S_1=1$，$S_0=0$ 时，数据从左移串行数据输入端 D_{SL} 输入，在时钟 CP 的上升沿（正边沿）作用下，由 Q_3 向 Q_0 方向进行左移操作。此时 D_{SR} 端输入的数据不起作用。

(6) 当 $\overline{R}_D=1$，控制端 S_1、S_0 均输入 0 时，寄存器的状态保持不变。

用已有的寄存器可以构成多位的寄存器。图 3.4.5 是用两片 74LS194 接成的 8 位双向移位寄存器。

由上面 74LS194 的功能表知道，74LS194 进行右移操作是由 Q_0 向 Q_3 方向进行，而 74LS194 进行左移操作是由 Q_3 向 Q_0 方向进行。因此，将（1）片寄存器的 Q_3 与（2）片的 D_{SR} 相连（可以实现 8 位移位寄存器的右移位功能），将（2）片的 Q_0 与（1）片的 D_{SL} 相连（可以实现 8 位移位寄存器的左移位功能），同时把两片的 $\overline{R}_D$、S_1、S_0 和 CP 并联。此时，（1）片寄存器的右移串行数据输入端 D_{SR} 是 8 位双向移位寄存器的右移串行数据输入端，（2）片的左移串行数据输入端 D_{SL} 是 8 位双向移位寄存器的左移串行数据输入端。这样就获得了 8 位双向移位寄存器。

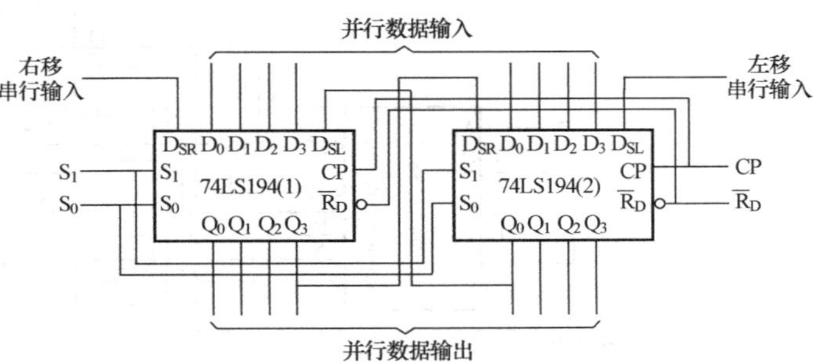

图 3.4.5　用两片 74LS194 接成 8 位双向移位寄存器

3.4.4　寄存器的应用

1. 74LS194 构成四位环形计数器

电路如图 3.4.6 所示，在图 3.4.6（a）中，根据 74LS194 的功能，首先使 $S_1=1$，$S_0=1$ 同时输入 CP 脉冲，完成并行数据输入，置成 $Q_0Q_1Q_2Q_3=1000$ 状态。此后，保持 $S_1=0$，$S_0=1$，寄存器工作在右移方式，在时钟脉冲作用下电路中的数据实现循环右移。时序图如图 3.4.6（b）所示，环形计数器是一个模 4 的计数器，在每一个循环过程中，各个输出端均输出一个宽度等于一个时钟周期的单脉冲。

2. 可编程分频器

分频器的分频比是指输入信号频率 f_i 与输出信号频率之比。所谓可编程分频器是指分频器的分频比可以受程序控制。在现代通信系统与自动控制系统中，可编程分频器的应用非常广泛。图 3.4.7 所示电路是用移位寄存器与 3 线—8 线译码器组成的分频器。下面分析其工作原理。

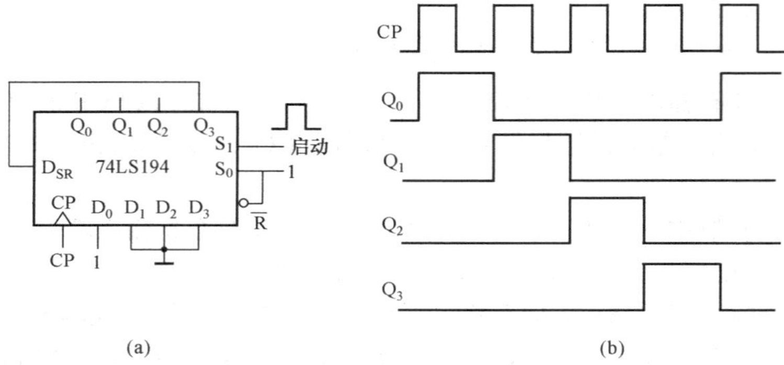

(a) (b)

图 3.4.6 74LS194 构成四位环形计数器

(a) 接线图；(b) 时序图

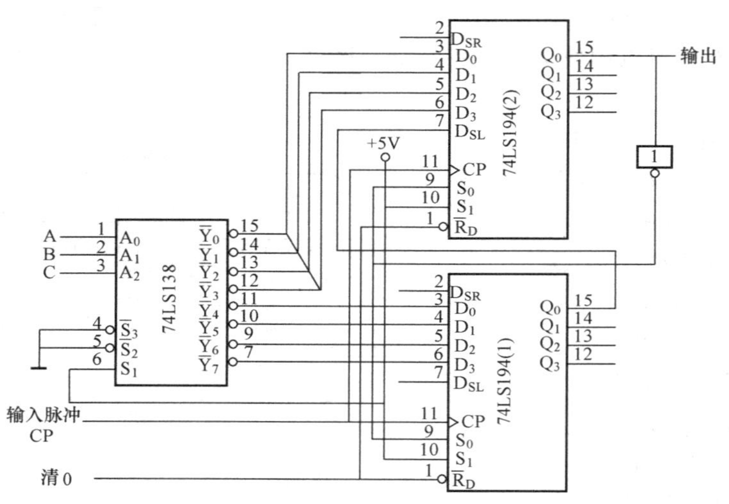

图 3.4.7 由移位寄存器构成的可编程分频器

图中，74LS138 是输出低电平有效的 3 线—8 线译码器，两片 74LS194 双向移位寄存器的工作方式控制端 S_1 和 74LS138 译码器的使能端 S_1 均接高电平（$S_1=1$），两片 74LS194 的另一个工作方式控制端 S_0 与（2）片的$\overline{Q}_{0(2)}$相连（即 $S_0=\overline{Q}_{0(2)}$），当$\overline{Q}_{0(2)}=1$ 时，$S_1S_0=11$，两片 74LS194 工作在并行输入方式；当$\overline{Q}_{0(2)}=0$ 时，$S_1S_0=10$，两片 74LS194 进行左移位操作。（1）片的输出端 Q_0 与（2）片的左移数据输入端 D_{SL} 连接，所以，两片 74LS194 进行左移位操作时，数据是由（1）片向（2）片方向移位。

两片 74LS194 的并行输入端分别接 3 线—8 线译码器的 8 个输出端，其并行输入数据受 74LS138 译码器地址码输入端 A、B、C 的输入数据控制，A、B、C 的数据由相关程序提供。两片 74LS194 的工作受同一时钟控制。

电路在清零脉冲作用下，两片寄存器的输出全为 0，$S_0=\overline{Q}_{0(2)}=1$，$S_1S_0=11$，74LS194 均处于数据并行输入工作方式。

设程序提供给 74LS138 译码器的地址数据为 $A_2A_1A_0=011$，则其输出端$\overline{Y_3}=0$，其余均为 1，即$\overline{Y}_0\sim\overline{Y}_7$ 的数据为 11101111。输入时钟脉冲 CP，两片 74LS194 并行接收译码器输

出端$\overline{Y}_0$～$\overline{Y}_7$的数据，第（1）片的$Q_{0(1)}$～$Q_{3(1)}$为1111，第（2）片的$Q_{0(2)}$～$Q_{3(2)}$为1110。此时$S_0=\overline{Q}_{0(2)}=0$，$S_1S_0=10$，两片74LS194处于左移位操作状态。每输入一个CP脉冲，寄存器的数据左移位一次。当左移位三次以后，输出端$Q_{0(2)}$～$Q_{3(2)}$的数据为0111，$S_0=\overline{Q}_{0(2)}=1$，74LS194又处于并行输入工作方式，输入时钟脉冲CP，寄存器接收译码器输出端的数据，74LS194又开始左移位操作，如此反复，在输出端$Q_{0(2)}$得到f_{CP}的4分频信号。图3.4.8为其波形图。

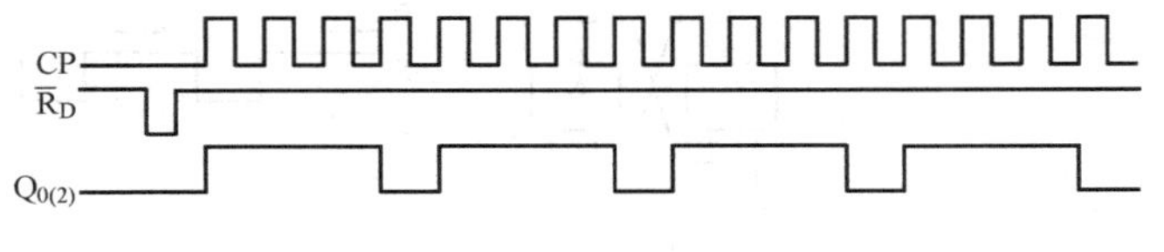

图 3.4.8　4分频波形图

若74LS138译码器的地址数据为111，在时钟脉冲作用下，74LS194并行接收译码器的输出数据，其输出$\overline{Y}_0\ \overline{Y}_1\ \overline{Y}_2\ \overline{Y}_3\ \overline{Y}_4\ \overline{Y}_5\ \overline{Y}_6\ \overline{Y}_7=11111110$，时钟脉冲继续作用，74LS194开始左移位操作，与上述分析过程相似，经过8次左移位，输出端$Q_{0(2)}$～$Q_{3(2)}$的状态为0111，74LS194又处于并行输入工作方式，如此反复，在输出端$Q_{0(2)}$得到f_{CP}的8分频信号。图3.4.9为其时序图，最大分频系数是8。

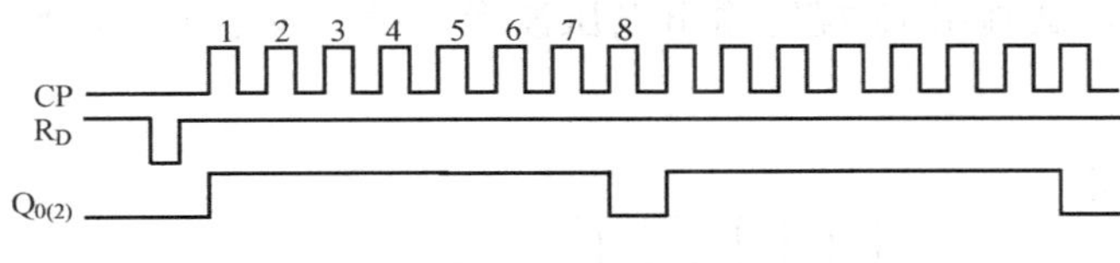

图 3.4.9　8分频波形图

如果74LS138译码器的地址码$A_2A_1A_0=000$，图3.4.7所示电路还有分频作用吗？请读者自行分析。

习　题

3.1　试思考：什么是时序逻辑电路？组成时序逻辑电路的基本单元电路是什么？时序逻辑电路与组合逻辑电路的区别是什么？

3.2　试思考：触发器的功能是什么？按不同的分类方式触发器分为哪几类？

3.3　试思考：有时钟控制的触发器有几种触发方式？

3.4　试说出题图3.4中所示各触发器的名称及触发方式。

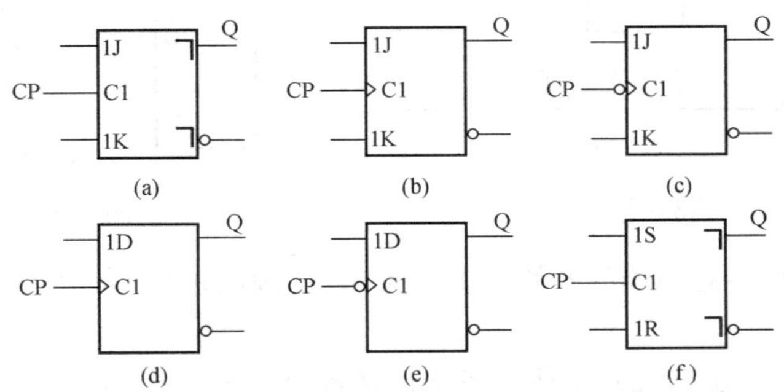

图 3.1　题 3.4 图

3.5　图3.2（a）所示是基本RS触发器，写出其特性方程和约束条件。已知$\overline{R}$、$\overline{S}$端的输入电压波形如图 3.2（b）所示，试画出在 CP 波形控制下 Q 端的输出电压波形。设触发器的初始状态为 0。

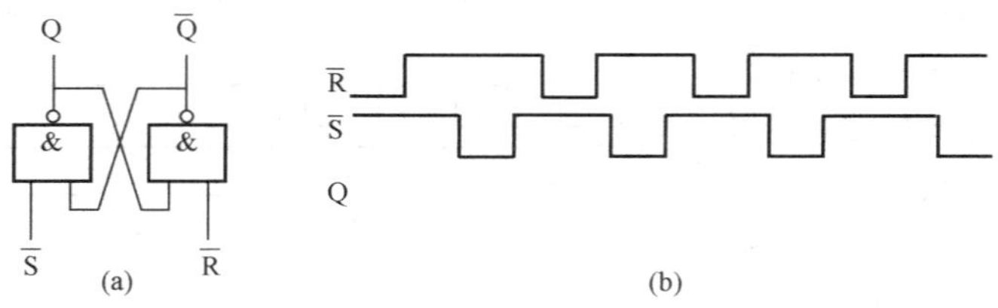

图 3.2　题 3.5 图

3.6　图 3.3（a）所示是钟控 RS 触发器，写出其特性方程和约束条件。已知 R、S 端的输入电压波形如图 3.3（b）所示，试画出 Q 端的输出电压波形。设触发器的初始状态为 0。

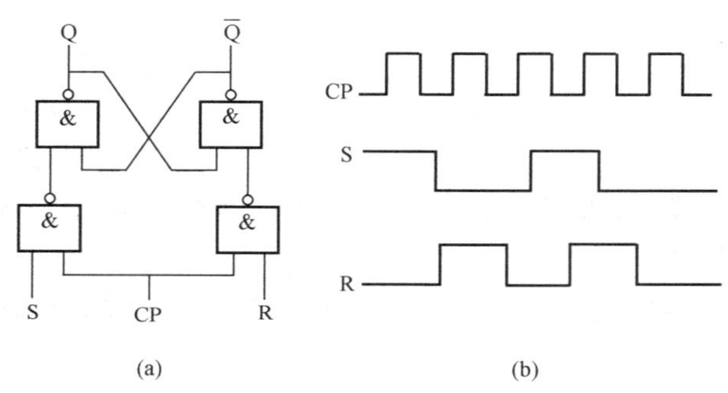

图 3.3　题 3.6 图

3.7　图 3.4（a）所示触发器为边沿 JK 触发器，给出 JK 触发器的输入电压波形如题图 3.4（b）所示，试画出 Q 端的输出电压波形。设触发器的初始状态为 0。

3.8　D 触发器的逻辑符号和 D 端的输入电压波形如图 3.5 所示。试画出 Q 端的输出电压波形。设触发器的初始状态为 0。

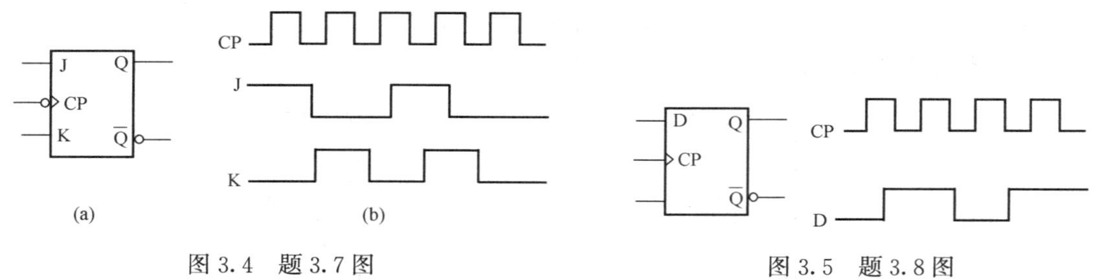

图 3.4　题 3.7 图　　　　图 3.5　题 3.8 图

3.9　设图 3.6 中各触发器的初始状态皆为 0，试画出在 CP 信号连续作用下各触发器输出端 Q 的电压波形。

3.10　试写出题图 3.7（a）中所示各电路的状态方程（提示：①写出各触发器的驱动方程和特性方程；②将状态各触发器的驱动方程代入对应的特性方程），并画出题图 3.7（b）给定信号作用下 Q_1、Q_2、Q_3 的电压波形。设各触发器的初始状态均为 0。

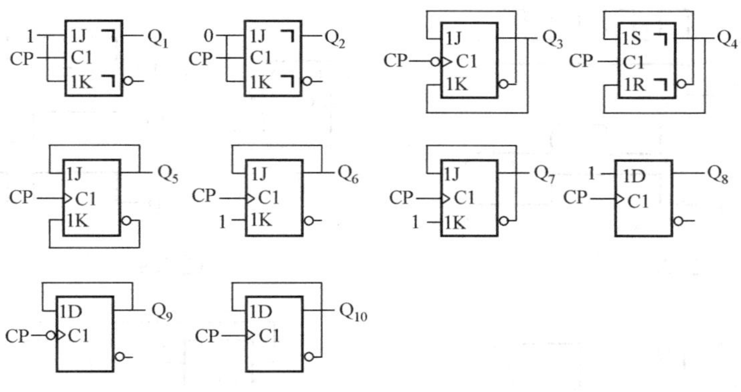

图 3.6　题 3.9 图

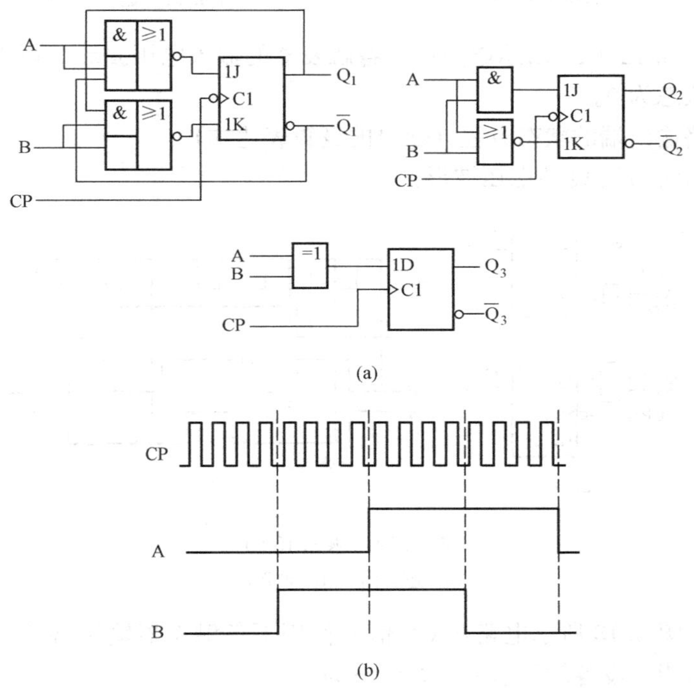

图 3.7　题 3.10 图

3.11　若主从 JK 触发器输入端 J、K、$\overline{R_D}$和 CP 的电压波形如图 3.8 所示，试画出 Q 端的输出电压波形。设触发器的初始状态为 0。

3.12　边沿 D 触发器输入端的电压波形如图 3.9 所示，试画出 Q 端的输出电压波形。设触发器的初始状态为 0。

3.13　在图 3.10 所示电路中，JK 触发器和 D 触发器相连接。设两触发器的初始状态均为 0。试画出在 CP 波形控制下 Q_1 和 Q_2 端的输出电压波形。

3.14　在图 3.11 所示电路中，设两触发器的初始状态均为 0。试画出在 CP 波形控制下 Q_1 和 Q_2 端的输出电压波形。

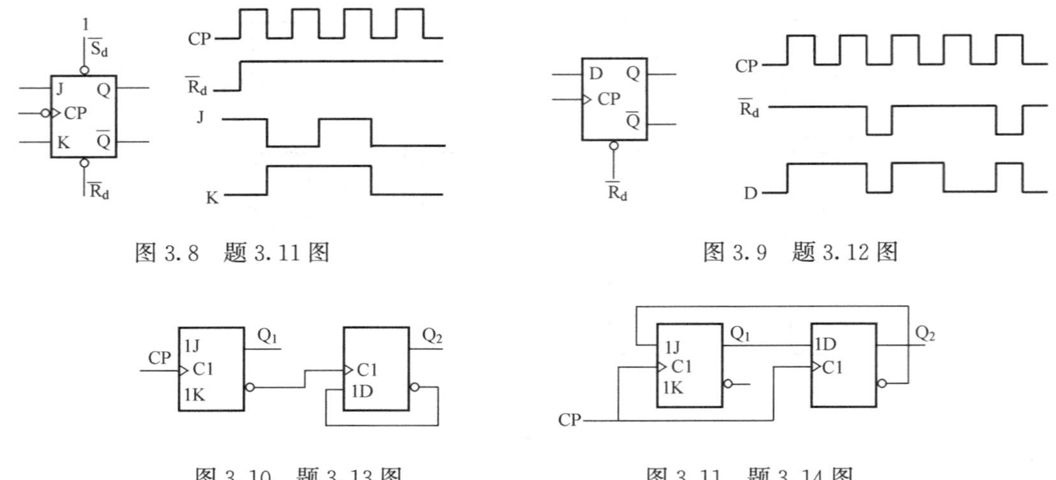

图 3.8 题 3.11 图　　图 3.9 题 3.12 图

图 3.10 题 3.13 图　　图 3.11 题 3.14 图

3.15 在题图 3.12（a）所示电路中，各触发器的输入电压波形如题图 3.12（b）所示。设触发器的初始状态为 0。

（1）写出电路输出端的状态方程（Q^{n+1}的逻辑表达式）。

（2）画出电路输出端 Q 的电压波形。

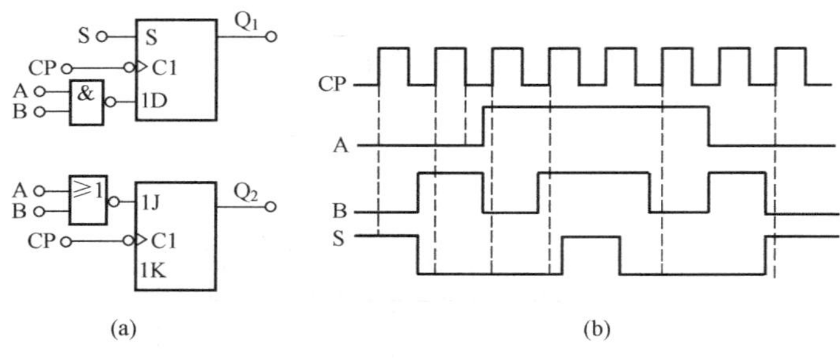

图 3.12 题 3.15 图

（a）逻辑图；（b）波形图

3.16 试画出图 3.13 所示电路在 CP 信号作用下各触发器输出端的电压波形，并说出电路完成的逻辑功能。设各触发器的初始状态为 0。

3.17 试画出图 3.14 所示电路在 CP 和$\overline{R}_D$信号作用下各触发器输出端的电压波形。并写出 Q_1、Q_2、Q_3 端输出信号的频率与 CP 信号频率之间的关系式。设各触发器的初始状态为 0。

3.18 试判断下面的说法是否正确：

（1）时序逻辑电路中不一定包含触发器；

（2）时序逻辑电路中一定包含触发器；

（3）时序逻辑电路的基本单元是触发器；

（4）时序逻辑电路中不一定含有门电路；

（5）时序逻辑电路中一定含有门电路；

（6）同步时序逻辑电路中只有一个时钟信号；

（7）异步时序逻辑电路受多个时钟信号控制。

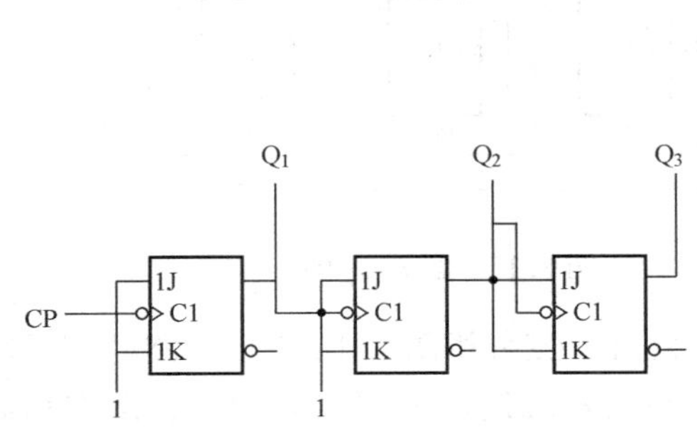

图 3.13　题 3.16 图

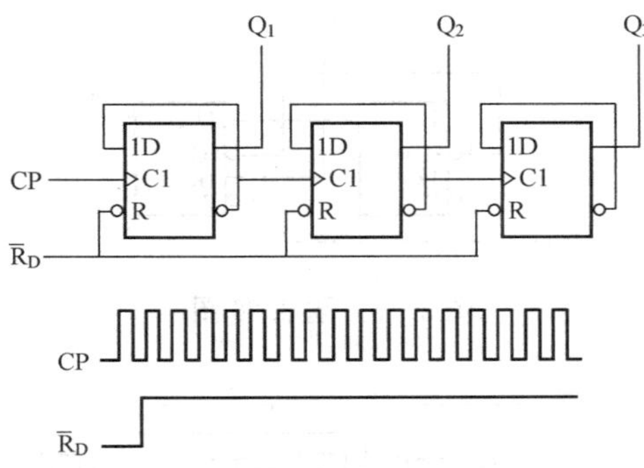

图 3.14　题 3.17 图

3.19　试叙述时序逻辑电路的分析方法（步骤），说明同步时序逻辑电路和异步时序逻辑电路分析过程中的差别。

3.20　试思考：计数器如何分类？

3.21　试思考：具有 4 个、7 个、12 个触发器的二进制计数器，各有多少种工作状态？

3.22　试思考：用二进制计数器累计到下列十进制数，至少需要多少个触发器？

（1）12；（2）24；（3）36

3.23　试判断下面的说法是否正确：

（1）计数器可以用作分频器；

（2）从一个四位二进制加法计数器最多可获得 8 分频；

（3）从一个十进制计数器的不同输出端可以获得 2 分频、4 分频、8 分频和 10 分频的信号；

（4）一个四位二进制加法计数器也是一个十六进制计数器；

（5）一个十进制计数器一定可以通过改变计数长度，构成一个 9 进制计数器；

（6）两片 N 进制计数器最大计数长度为 $2N$ 的计数器。

3.24　试说明改变计数器计数长度的两种方法，及其区别和适用的集成电路。

3.25　如图 3.15 所示的电路中，试画出各触发器输出端的波形，并说明电路完成的逻辑功能。设电路的初始状态为 0。

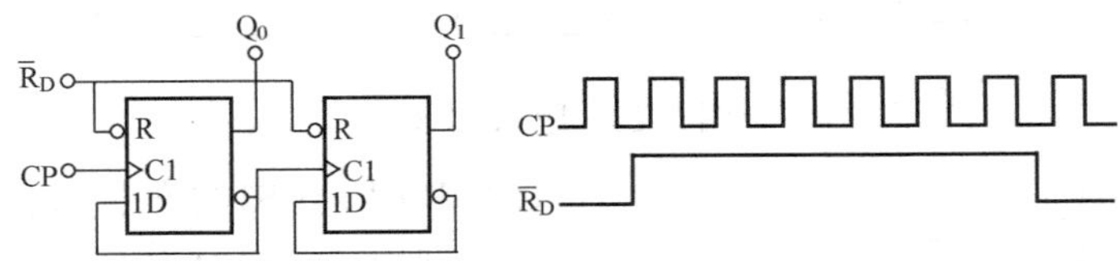

图 3.15　题 3.25 图

3.26　如图 3.16 所示的电路中，试写出各触发器的驱动方程，画出 Q_0、Q_1 的波形图。设电路的初始状态为 0。

3.27　如图 3.17 所示的电路中：

（1）试写出各触发器的驱动方程和状态方程；

（2）画出 Q_1、Q_2、Q_3 的波形图；

（3）说明电路完成的逻辑功能。设电路的初始状态为0。

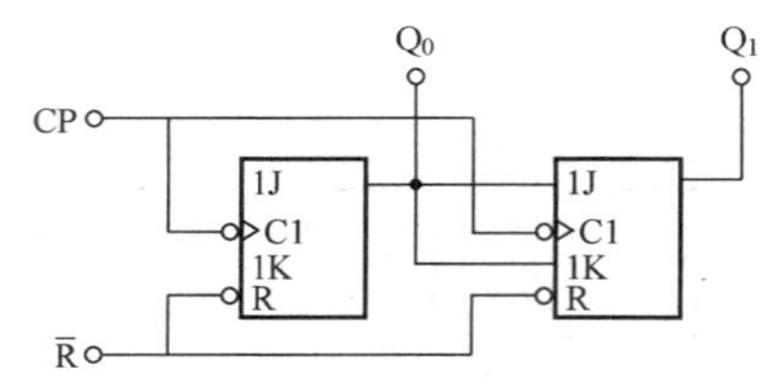

图3.16 题3.26图

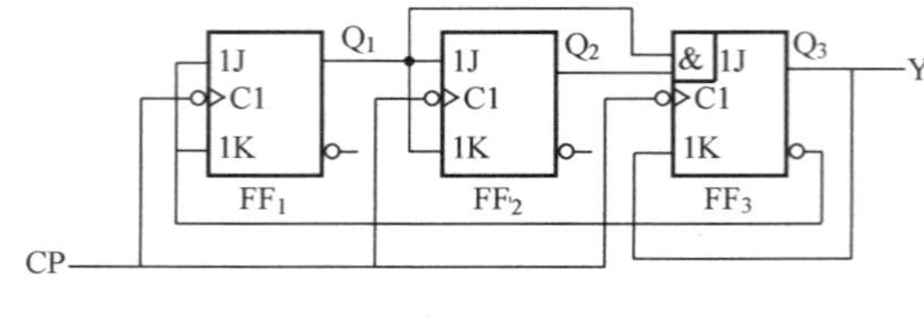

图3.17 题3.27图

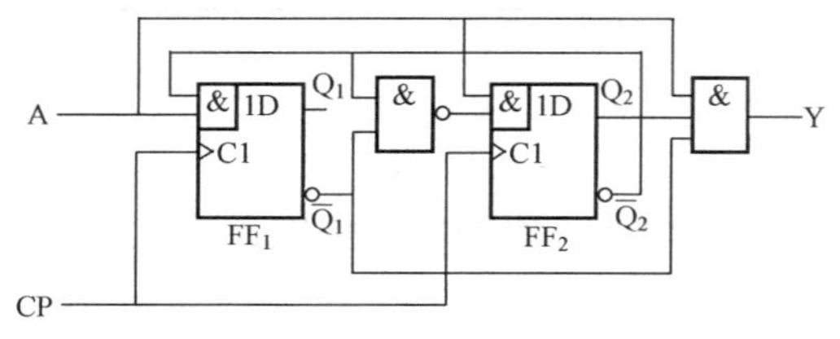

图3.18 题3.28图

3.28 试分析图3.18所示电路的逻辑功能，写出各触发器的驱动方程、状态方程和输出方程，画出电路Q_1、Q_2的时序图。设电路的初始状态为0。

3.29 试分析题图3.19所示电路的逻辑功能，写出各触发器的驱动方程、状态方程和输出方程，画出电路Q_1、Q_2、Q_3的时序图。设电路的初始状态为0。

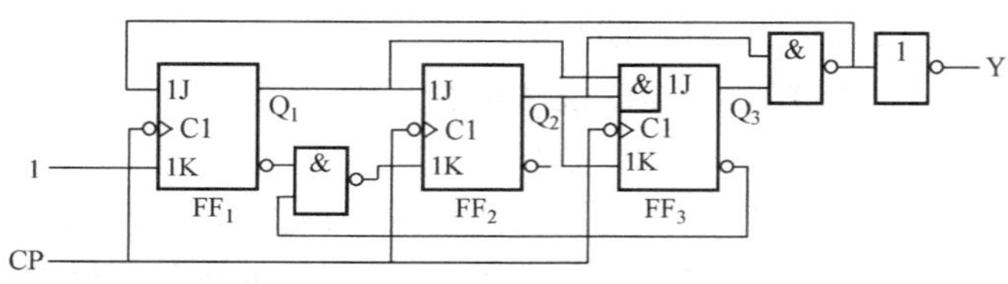

图3.19 题3.29图

3.30 已知一计数电路及其各输出端的输出波形如图3.20所示，试思考：这是一个什么类型的计数器？

3.31 试用以下集成电路及其指定方法接成六进制计数器。

（1）利用74LS290的异步清零功能；

（2）利用74LS161的异步清零功能；

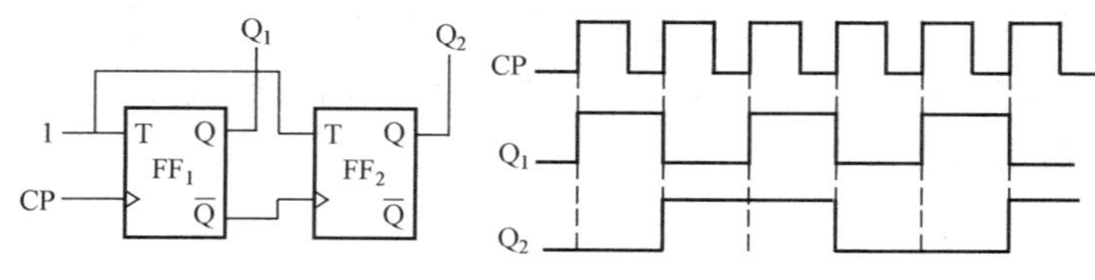

图3.20 题3.30图

（3）利用74LS163的同步清零功能；

（4）利用74LS161的同步置数功能。

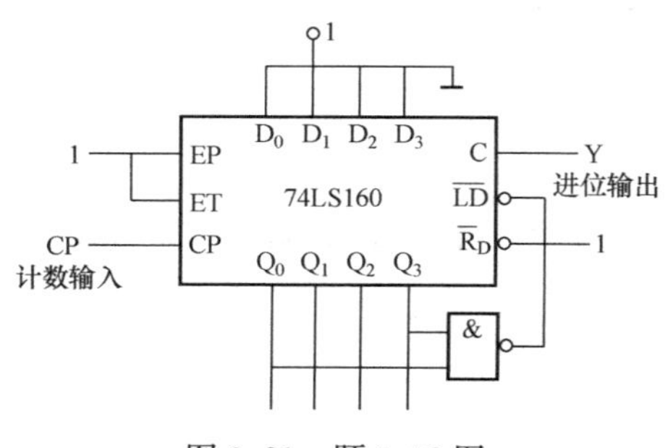

图3.21 题3.32图

3.32 试分析图3.21所示的电路，并说明这是计数长度（模）等于几的计数器。

3.33 试分析图3.22所示的电路，画出电路的时序图，并说明这是几进制计数器。

3.34 试分析图3.23所示电路在$N=1$和$N=0$时各为几进制计数器。

3.35　用 74LS290 连接的几种分频器如图 3.24 所示，试分析该图中指定输出端各获得的是几分频信号。

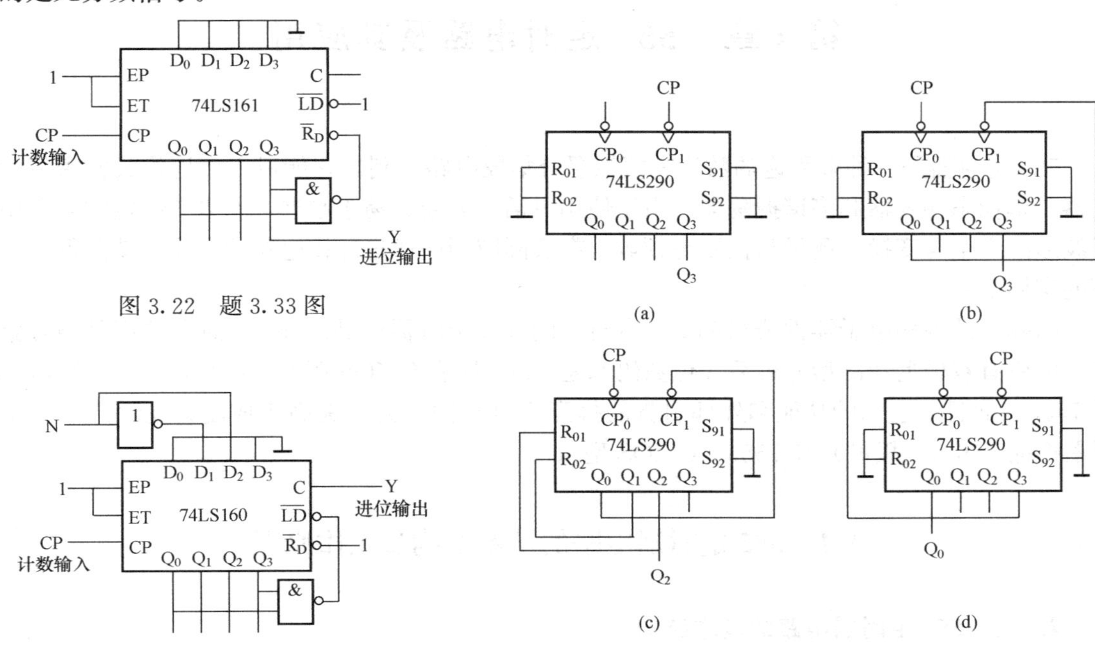

图 3.22　题 3.33 图

图 3.23　题 3.34 图

图 3.24　题 3.35 图

3.36　试用两片集成十进制计数器（自选）组成一个二十九进制计数器。

3.37　试用两片 74LS160 接成五十进制计数器。

3.38　试思考：什么是寄存器？寄存器分为哪几类？比较两类寄存器功能上的差别。

3.39　试思考：图 3.25 所示电路是什么寄存器？设输入数码依次为 1011，并用状态转换表说明数码的移动情况，并画出各触发器输出端的波形。

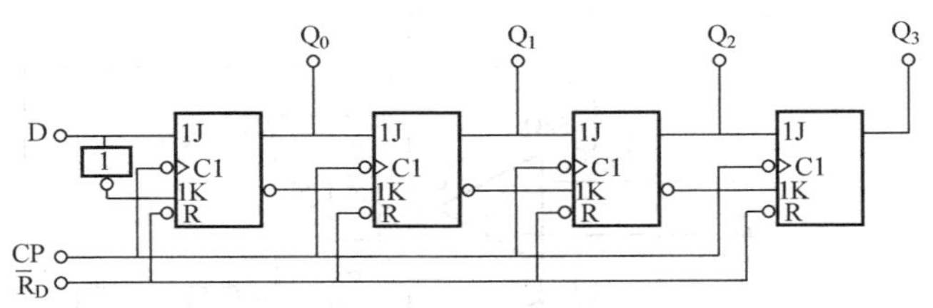

图 3.25　题 3.39 图

3.40　电路如图 3.26 所示，设初始状态为 $Q_3Q_2Q_1Q_0=0001$，在时钟 CP 脉冲作用下，电路输出状态如何变化？试画出工作波形。

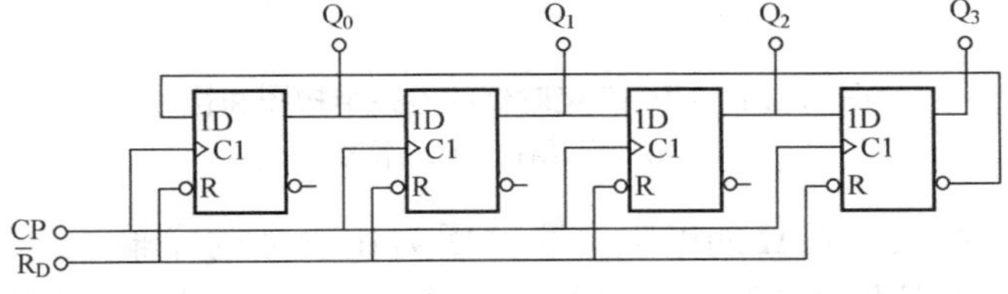

图 3.26　题 3.40 图

第 4 章　555 定时电路及其应用

555 定时器是一种多用途的数字—模拟混合集成电路，利用它能极方便地构成施密特触发器、单稳态触发器和多谐振荡器。由于使用灵活、方便、易于掌握，所以 555 定时器多用于波形的产生与变换、测量与控制等领域。在实际应用中通过外接电路的变化，就能得到丰富的实用电路。

国际上的许多电子器件公司都生产有自己的 555 定时器产品。555 定时器的产品型号繁多，但所有双极型产品型号最后 3 位数码都是 555，所有 CMOS 型产品型号最后 4 位数码都是 7555。而且，它们的功能和外部引脚的排列完全相同。为了提高集成度，还生产了双定时器产品 556（双极型）和 7556（CMOS 型）。

4.1　555 定时器电路的基本结构及工作原理

4.1.1　555 定时器电路的基本结构

图 4.1.1 所示是国产双极型定时器 CB555 的电路结构图和符号。555 定时器基本组成有分压电路、比较器、基本 RS 触发器、开关管和输出缓冲器五部分，如图 4.1.1（a）所示。

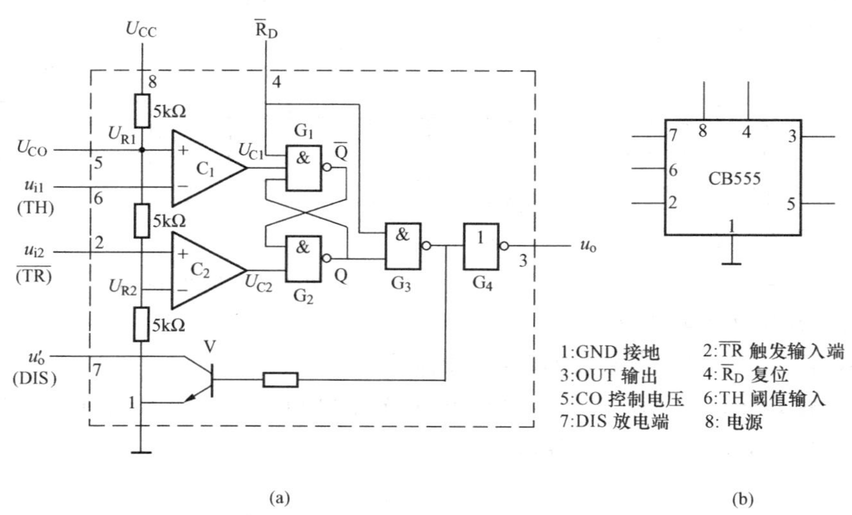

图 4.1.1　CB555 定时器的电路结构图和符号

（a）电路结构；（b）符号

（1）分压电路。由三个 5kΩ 的电阻串联（因为比较器的净输入电流近似为零）起来构成分压电路（555 也因此得名），对电源 U_{CC} 进行分压，分别为比较器 C_1 和 C_2 提供参考电压。在控制电压输入端 CO 端悬空时，比较器 C_1 同相输入端的输入电压 $U_+ = U_{R1} =$

$\frac{2}{3}U_{CC}$，比较器 C_2 反相输入端的输入电压 $U_-=U_{R2}=\frac{1}{3}U_{CC}$。当控制电压输入端 CO 端外加控制电压时，比较器 C_1 同相输入端的输入电压 $U_+=U_{CO}$，比较器 C_2 反相输入端的输入电压 $U_-=\frac{1}{2}U_{CO}$。即此时比较器 C_1 和 C_2 的参考电压由 CO 端外加的控制电压 U_{CO} 决定，改变 U_{CO} 的大小就可以改变比较器 C_1 和 C_2 的参考电压。不使用 CO 端时，将 CO 端通过一个 0.01μF 的电容接地，以旁路高频干扰。

（2）比较器。比较器 C_1 和 C_2 是两个工作在非线性状态的理想运算放大器，当 $U_+>U_-$ 时，比较器输出高电平（U_{CC}），当 $U_+<U_-$ 时，比较器输出低电平（0）。

（3）基本 RS 触发器。由两个与非门 G_1 和 G_2 组成基本 RS 触发器。比较器 C_1 和 C_2 的输出信号决定基本 RS 触发器的输出状态。$\overline{R}_D$ 是基本 RS 触发器的直接复位端，低电平有效，正常工作时必须使 $\overline{R}_D$ 接高电平。

（4）开关管 V。由一只工作在开关状态的三极管构成。当三极管的基极为高电平时，V 饱和导通，当三极管的基极为低电平时，V 截止，由此三极管 V 起到开关的作用。

（5）输出缓冲器。由非门 G_3、G_4 组成，用于提高电路的带负载能力和抗干扰能力。

555 定时器能在很宽的电源电压范围内工作，并可承受较大的负载电流。双极型 555 定时器的电源电压范围为 5～16V，最大的负载电流达 200mA。CMOS 型 7555 定时器的电源电压范围为 3～18V，但最大的负载电流在 4mA 以下。

4.1.2　555 定时器的工作原理

TH 是比较器 C_1 的反相输入端（也称阈值端），$\overline{TR}$ 是比较器 C_2 的同相输入端（也称触发端）。当 TH 端电压 u_{i1} 大于 $\frac{2}{3}U_{CC}$，$\overline{TR}$ 端电压 u_{i2} 大于 $\frac{1}{3}U_{CC}$ 时，比较器 C_1 输出 $U_{C1}=$ “0”（低电平），比较器 C_2 输出 $U_{C2}=$ “1”（高电平），基本 RS 触发器置 0，即 $Q=0$，$\overline{Q}=1$，V 基极为高电平，V 导通。这时 u_o 输出低电平。

当 TH 端电压 u_{i1} 小于 $\frac{2}{3}U_{CC}$，$\overline{TR}$ 端电压 u_{i2} 大于 $\frac{1}{3}U_{CC}$ 时，比较器 C_1 输出 $U_{C1}=$ “1”，比较器 C_2 输出 $U_{C2}=$ “1”，基本 RS 触发器的状态保持不变，故 V 和输出 u_o 的状态也保持不变。

当 TH 端电压 u_{i1} 小于 $\frac{2}{3}U_{CC}$，$\overline{TR}$ 端电压 u_{i2} 小于 $\frac{1}{3}U_{CC}$ 时，比较器 C_1 输出 $U_{C1}=$ “1”，比较器 C_2 输出 $U_{C2}=$ “0”，基本 RS 触发器置 1，即 $Q=1$，$\overline{Q}=0$，V 截止，u_o 输出高电平。

当 TH 端电压 u_{i1} 大于 $\frac{2}{3}U_{CC}$，$\overline{TR}$ 端电压 u_{i2} 小于 $\frac{1}{3}U_{CC}$ 时，比较器 C_1 输出 $U_{C1}=$ “0”，比较器 C_2 输出 $U_{C2}=$ “0”，基本 RS 触发器处于 $Q=\overline{Q}=1$ 的状态，V 截止，u_o 输出高电平。

由此我们得到 CB555 的功能表，见表 4.1.1。

表 4.1.1　　CB555 的功能表

输入			输出	
$\overline{R}_D$	TH（u_{i1}）	$\overline{TR}$（u_{i2}）	u_o	V 状态
0	×	×	低	导通
1	$>(\frac{2}{3})U_{CC}$	$>(\frac{1}{3})U_{CC}$	低	导通
1	$<(\frac{2}{3})U_{CC}$	$>(\frac{1}{3})U_{CC}$	不变	不变
1	$<(\frac{2}{3})U_{CC}$	$<(\frac{1}{3})U_{CC}$	高	截止
1	$>(\frac{2}{3})U_{CC}$	$<(\frac{1}{3})U_{CC}$	高	截止

4.2　555 定时器的应用

555 定时器配合不同的外接电路，就可以构成多种应用电路，本节介绍由 555 定时器构成的施密特触发器、单稳态触发器和多谐振荡器三种典型应用电路。

4.2.1　555 定时器构成施密特触发器

1. 电路组成及工作原理

用 555 定时器接成的施密特触发器的电路如图 4.2.1（a）所示，将 555 定时器的 TH 和$\overline{TR}$端连接在一起，作为电路的输入端 u_i；$\overline{R}_D$端与 U_{CC} 端接电源；CO 端通过一个 0.01μF 的电容接地；555 定时器的输出端作为电路的输出端 u_o，就构成施密特触发器。图 4.2.1（b）所示由 555 定时器集成电路构成施密特触发器时的管脚接线图。

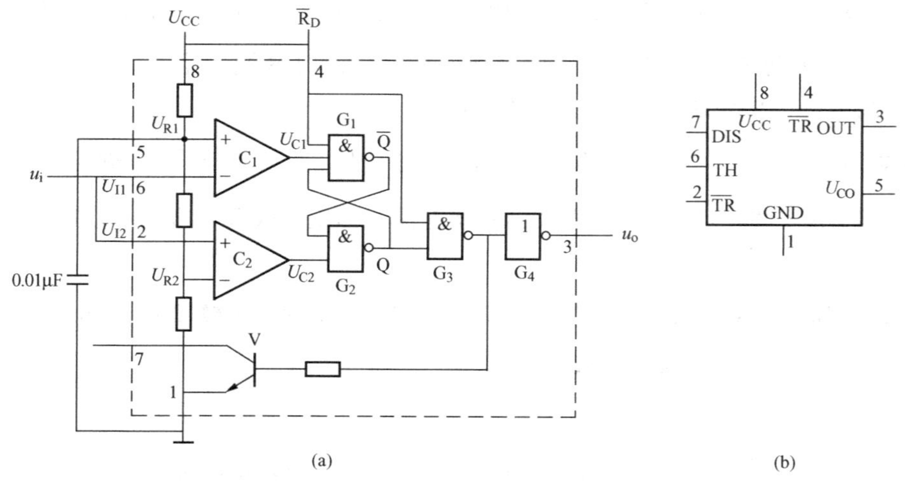

图 4.2.1　用 555 定时器接成的施密特触发器
（a）电路图；（b）管脚接线图

对于已知的输入信号，施密特触发器输出信号 u_o 的波形如图 4.2.2 所示。电路的工作过程分析如下：

由图 4.2.1（a）可知：因为 TH 和$\overline{TR}$端连接在一起，故其输入信号总是相等。

在 u_i 由 0 开始增大的过程中，当 $0<u_i<\frac{1}{3}U_{CC}$ 时，满足 TH 端输入电压小于$\frac{2}{3}U_{CC}$，$\overline{TR}$端输入电压小于$\frac{1}{3}U_{CC}$，此时 $u_o=$ "1"（高电平），称此时电路处于第一稳态。

当$\frac{1}{3}U_{CC}<u_i<\frac{2}{3}U_{CC}$时，满足 TH 端输入电压小于$\frac{2}{3}U_{CC}$，$\overline{TR}$端输入电压大于$\frac{1}{3}U_{CC}$，输出 u_o 的状态保持不变，此时输出仍是 $u_o=$ "1"。

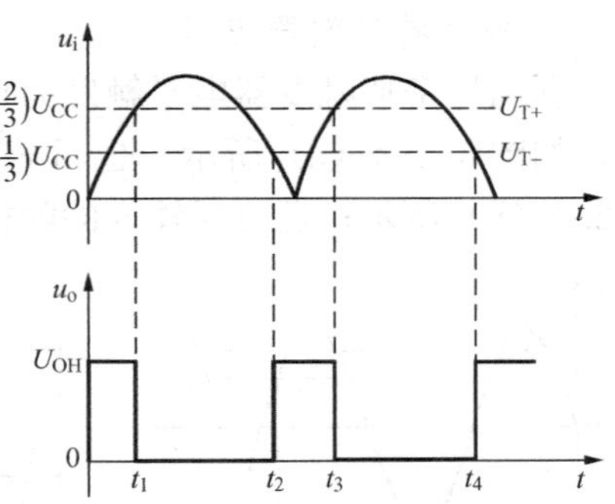

图 4.2.2　施密特触发器波形图

若 u_i 继续增大至 $u_i>\frac{2}{3}U_{CC}$时，TH 端输入电压大于$\frac{2}{3}U_{CC}$，$\overline{TR}$端输入电压更大于$\frac{1}{3}U_{CC}$，此时输出 $u_o=$ "0"（低电平），称电路处于第二稳态。电路的输出电压由 1（高电平）跳变到 0（低电平）时所对应的输入电压值称为施密特触发器的上限阈值电压 U_{T+}

$$U_{T+}=\frac{2}{3}U_{CC} \tag{4.2.1}$$

u_i 继续增加到最大后开始减小，当回到$\frac{1}{3}U_{CC}<u_i<\frac{2}{3}U_{CC}$时，输出 u_o 的状态保持不变，输出仍是 $u_o=$ "0"。

当 u_i 继续减小至 $u_i<\frac{1}{3}U_{CC}$时，$u_o=$ "1"，电路重新返回第一稳态。电路的输出电压由 0（低电平）跳变到 1（高电平）时所对应的输入电压值称为施密特触发器的下限阈值电压 U_{T-}

$$U_{T-}=\frac{1}{3}U_{CC} \tag{4.2.2}$$

上限阈值电压和下限阈值电压大小不同，这种现象称为回差，其电压差值称为回差电压，即

$$\Delta U_T=U_{T+}-U_{T-} \tag{4.2.3}$$

回差电压的大小可以改变。对于同一个输入信号，改变回差电压的大小，可以改变电路输出波形的周期。图 4.2.3 是回差电压可调的施密特触发器。

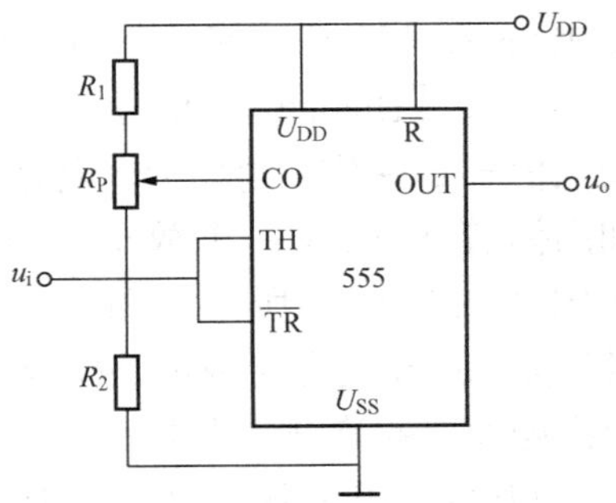

图 4.2.3　回差电压可调的施密特触发器

2. 施密特触发器的特点

施密特触发器具有两个稳态，故又称其为双稳态触发器。它从一种稳态向另一种稳态的翻转取决于输入电压的大小，且输入信号的最大值必须大于电路的上限阈值电压 U_{T+}，输入信号的最小值必须小于电路的下限阈值电压 U_{T-}。这种由输入电压大小决定触发器状态改变的方式称为电平触发。

改变回差电压的大小，可以改变输出信号的脉冲宽度。

3. 施密特触发器应用

利用施密特触发器电平触发的特点，可将正矩形波、正弦波、三角波等波形变换为矩形波，如图 4.2.4（a）所示；也可将被干扰的不规则的矩形波整形为规则的矩形波，如图 4.2.4（b）所示；还可对输入的随机脉冲的幅度进行鉴别，如图 4.2.4（c）所示。

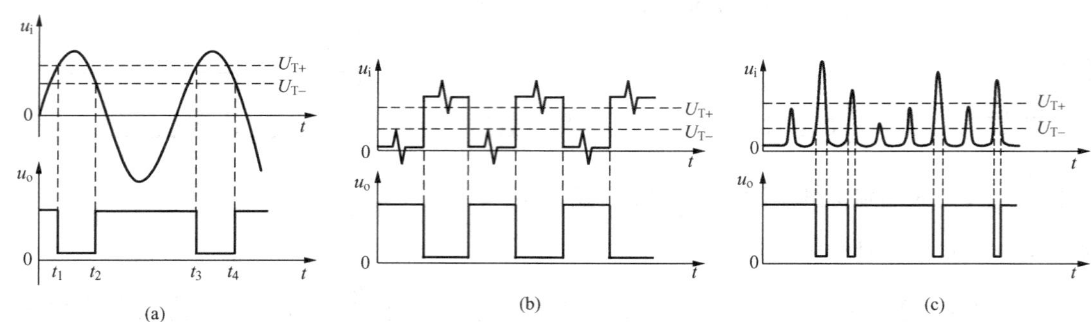

图 4.2.4　施密特触发器的用途

（a）脉冲变换；（b）用施密特触发器对脉冲整形；

（c）用施密特触发器鉴别脉冲幅度

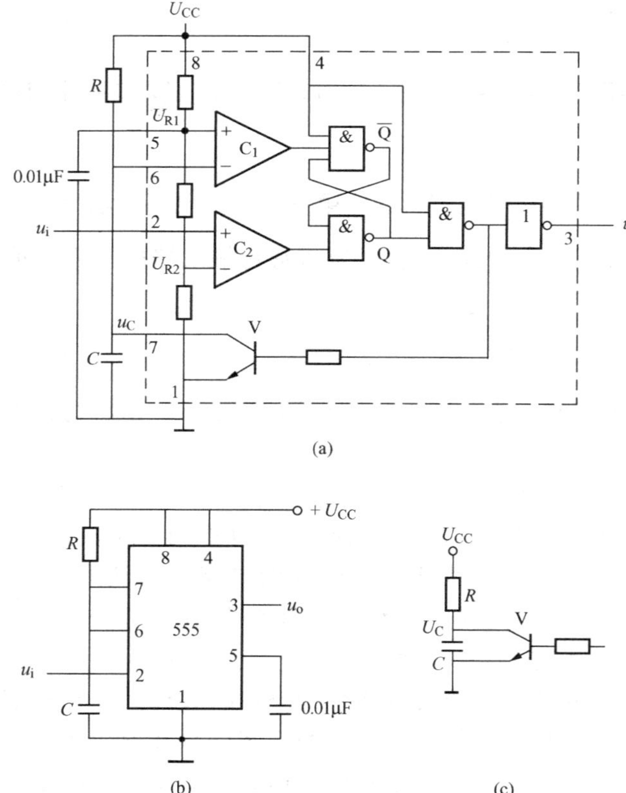

图 4.2.5　555 定时器构成的单稳态触发器

（a）电路图；（b）集成电路管脚接线图；

（c）单稳态触发器放电回路部分

4.2.2　555 定时器构成单稳态触发器

单稳态触发器只有一个稳定状态，在没有触发信号输入时，电路处于稳定状态；在触发信号作用下，电路翻转到另一个状态，称为暂稳态。暂稳态经过一段时间后自动回到原来的稳定状态，暂稳态维持的时间取决于电路的参数。

图 4.2.5（a）所示是由 555 定时器构成的单稳态触发器电路图。其中外接电阻 R 和电容 C 构成一个充电回路，电容 C 两端的电压 u_C 是 TH 端的输入信号，有 $u_{TH}=u_C$，$\overline{TR}$端的输入信号由外加输入信号 u_i 决定。电阻 R、电容 C 和晶体管 V 构成一个放电回路，如图 4.2.5（c）所示。图 4.2.5（b）是 555 定时器集成电路构成单稳态触发器的管脚接线图。

$\overline{TR}$端采用负脉冲触发，无触发信号（$u_i=$ “1”）时，电路处于稳态，V 饱和导通，输出 u_o＝“0”。

刚接通电源，u_i＝“1”（即$\overline{TR}$端输入电压大于$\frac{1}{3}U_{CC}$），电容电压 $u_C=0$（即 TH 端输入电压小于$\frac{2}{3}U_{CC}$），V 饱和导通，电路输出 u_o 的状态保持不变，即 u_o＝“0”是电路的稳态。

电源接通后，当输入端输入负脉冲（u_i＝“0”）（即$\overline{TR}$端输入电压小于$\frac{1}{3}U_{CC}$）时，V 截止，输出 u_o＝“1”，电源 U_{CC}对电容 C 充电，充电回路是 $U_{CC}\to R\to C\to$地。负脉冲触发完毕，仍使输入信号 u_i 回到 1 状态。

随着充电过程的进行，电容两端的电压 u_C 不断的增大，当 $u_C>\frac{2}{3}U_{CC}$时，电路输出低电平，u_o＝“0”。V 重新饱和导通，同时为电容 C 提供一个放电回路，由 $U_{CC}\to R\to$V$\to$地。

随着放电过程的进行，电容两端的电压 u_C 迅速减小，使 $u_C<\frac{2}{3}U_{CC}$，电路保持在 u_o＝“0”的稳态不变，直到输入端下一个负脉冲的到来。

由上述分析不难看出，电路由 0 跳变到 1 状态需要负脉冲触发，否则电路保持输出 u_o＝“0”的状态不变，故称 u_o＝“0”的状态为稳态。电路由 1 跳变到 0 状态是在无输入信号触发的条件下自动完成的，故称 u_o＝“1”的状态为暂稳态。

图 4.2.6 所示是单稳态触发器的工作波形，图中，输出脉冲的宽度 t_W 等于电路暂稳态维持的时间，而暂稳态维持的时间取决于充电回路中电阻 R 和电容 C 的大小。

$$t_W\approx 1.1RC \tag{4.2.4}$$

通常 R 的取值在几百欧姆到几兆欧姆之间，电容的取值范围在几百皮法到几百微法，t_W 的范围为几微秒到几分钟。必须注意，该单稳态触发器输入脉冲的宽度应远小于输出脉冲的宽度。

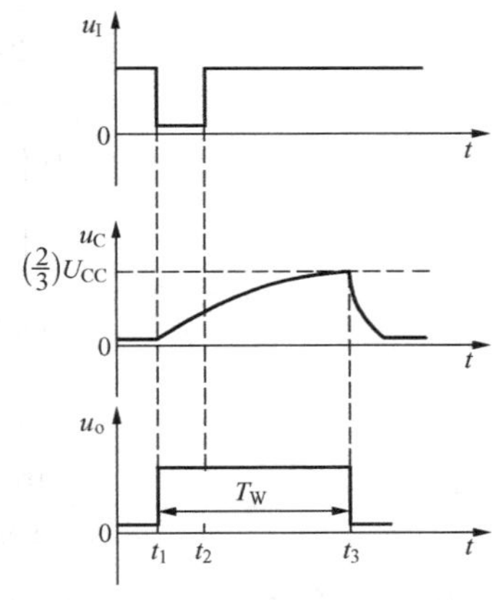

图 4.2.6　单稳态触发器的工作波形

4.2.3　555 定时器构成多谐振荡器

多谐振荡器是一个无稳态电路，它只有两个暂稳态。它不需要外加触发信号就可以从一种暂稳态翻转到另一种暂稳态，并在输出端自动产生矩形脉冲。故多谐振荡器也是一种自激振荡器。

如图 4.2.7（a）所示，555 定时器外接电阻 R_1、R_2 和电容 C 构成多谐振荡器。TH 和$\overline{TR}$端接同一点，其电压等于电容 C 两端的电压，$u_{TH}=u_{\overline{TR}}=u_C$。

接通电源前，电容 C 上无电荷。接通电源的瞬间，电容 C 两端的电压不能突变仍为 0，$u_{TH}=u_{\overline{TR}}=u_C=0$，晶体管 V 截止，多谐振荡器输出高电平，$u_o$＝“1”，称为第一暂稳态。同时电源经过电阻 R_1、R_2 和电容 C 到地的回路为电容 C 充电。

随着充电过程的进行，u_C 逐渐增大，在$\frac{1}{3}U_{CC}<u_C<\frac{2}{3}U_{CC}$范围，触发器的状态保持不

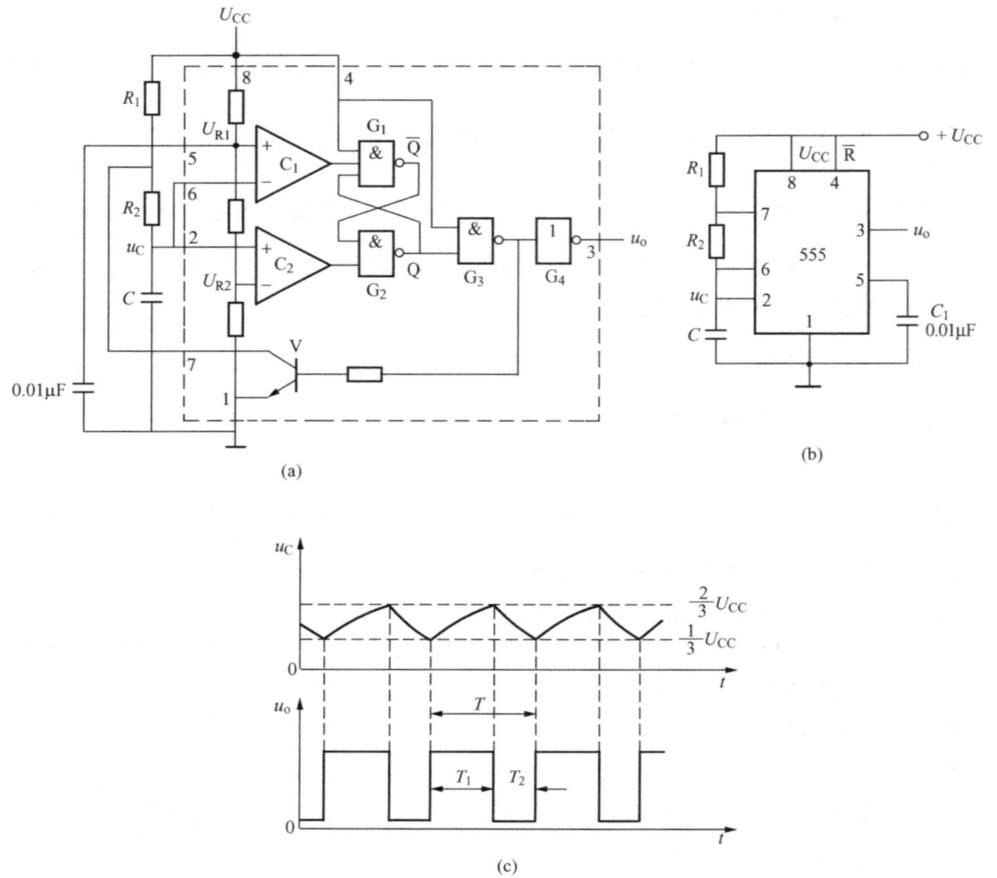

图 4.2.7　555 定时器构成的多谐振荡器

(a) 电路图；(b) 集成电路管脚接线图；(c) 工作波形

变；当 $u_C \geqslant \frac{2}{3}U_{CC}$ 时，晶体管 V 饱和导通，输出 u_o＝“0”，进入第二暂稳态。此时电容 C 的充电过程结束，由晶体管 V 经电阻 R_2、电容 C 到地构成放电回路。

随着放电过程的进行，电容 C 两端的电压逐渐减小，当 $u_C \leqslant \frac{1}{3}U_{CC}$ 时，振荡器输出 u_o＝“1”，重新回到第一暂稳态，晶体管 V 截止，电容 C 重新充电。如此电容 C 不断的充电、放电周而复始的进行，在多谐振荡器输出端得到一个矩形脉冲波形。工作波形如图 4.2.7（c）所示。

由以上分析可知，第一暂稳态时间 T_1 由电容 C 的充电时间决定，第二暂稳态时间 T_2 由电容 C 的放电时间决定。

$$T_1 \approx 0.7(R_1 + R_2)C \tag{4.2.5}$$

$$T_2 \approx 0.7R_2C \tag{4.2.6}$$

输出矩形脉冲的振荡周期

$$T = T_1 + T_2 \approx 0.7(R_1 + 2R_2)C \tag{4.2.7}$$

振荡频率

$$f = 1/T = 1/[0.7(R_1 + 2R_2)C] \quad (4.2.8)$$

【例 4.2.1】 试用 555 定时器设计一个振荡频率为 1000Hz 的多谐振荡器。

解 取 $C=0.01\mu F$，$R_1=R_2$　　由式（4.2.8）可知

$1000=1/(3R_1\times 0.01\times 10^{-6}\times 0.7)$

得　　$R_1=48k\Omega$

因 $R_1=R_2$，所以取两只 47kΩ 的电阻与一个 2kΩ 的电位器串联，设计电路如图 4.2.8 所示。

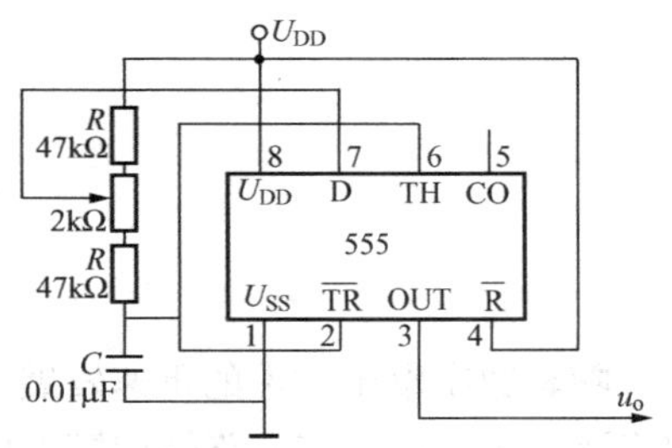

图 4.2.8　[例 4.2.1] 的设计结果

习　　题

4.1　试说出 CB555 定时器的基本组成并简述其工作原理。

4.2　试思考：施密特触发器的主要特点是什么？施密特触发器的主要用途有哪些？

4.3　试思考：什么是回差电压？回差电压对整形波形有何影响？如何改变施密特触发器的回差电压？

4.4　试画出由 CB555 定时器组成的施密特触发器的集成电路管脚接线图。假设电路的输入波形如图 4.1 所示，试画出其输出波形。

4.5　试画出由 CB555 定时器组成的单稳态触发器的集成电路管脚接线图，说明单稳态触发器的主要特点是什么，如何计算其输出脉冲的宽度？它对触发脉冲有何要求？

4.6　由 555 定时器组成的单稳态触发器如图 4.2.5 所示，已知 $U_{CC}=12V$，$R=10k\Omega$，$C=0.1\mu F$，根据图 4.2 试求输出脉冲的宽度 t_W，并对应 u_i 波形画出 u_c 和 u_o 的波形。

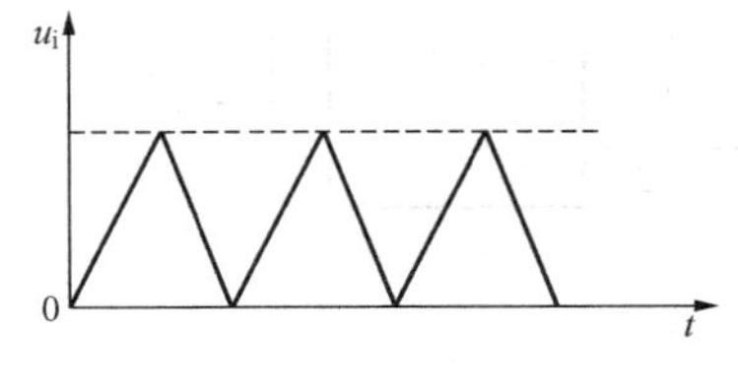

图 4.1　题 4.4 图

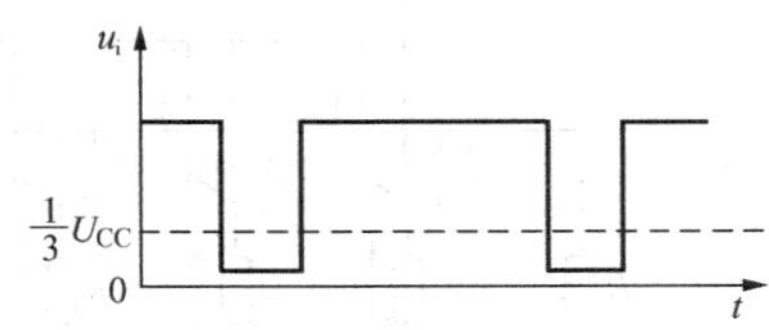

图 4.2　题 4.6 图

4.7　在图 4.2.7（a）所示的 555 定时器构成多谐振荡器电路中，若外接电阻 $R_1=R_2=5.1k\Omega$，电容 $C=0.01\mu F$，$U_{CC}=12V$，试计算电路的振荡频率 f。

4.8　用 555 定时器设计一个多谐振荡器，要求输出脉冲的频率为 30kHz，占空比为 50%。（提示占空比 $q=\dfrac{R_1}{R_1+R_2}\times 100\%$）

第 5 章

A/D 和 D/A

随着数字电子技术的迅速发展，尤其是计算机在自动控制、自动检测以及许多其他领域中的广泛应用，用数字电路处理模拟信号的情况也更加普通了。要使数字电路能处理模拟信号，必须有能将模拟信号转换成数字信号的转换器，即 A/D 转换器。有时还需要把经处理后的数字信号转换成模拟信号，这又需要有将数字信号转换成模拟信号的转换器，即 D/A 转换器。

5.1 D/A 转换器（DAC）

DAC 主要有 T 型电阻网络 DAC 和倒 T 型电阻网络 DAC 等几种，相比之下，倒 T 型电阻网络 DAC 的性能较好，下面仅介绍倒 T 型电阻网络 DAC。

5.1.1 倒 T 型电阻网络 DAC 的工作原理

图 5.1.1 为一个四位倒 T 型电阻网络 DAC，它可将四位二进制数字信号 $D_3D_2D_1D_0$ 转换为对应的模拟信号输出 u_o。该 DAC 由参考电压 U_{REF}，S_3、S_2、S_1、S_0 电子开关，倒 T 型电阻网络和反相比例运算放大器构成。D_3、D_2、D_1、D_0 为一个四位二进制数，各位的数码分别控制相应的模拟开关，当二进制数码为 1 时，开关接到运算放大器的反相输入端；二进制数码为 0 时，接运算放大器的同相输入端，即“地”端。

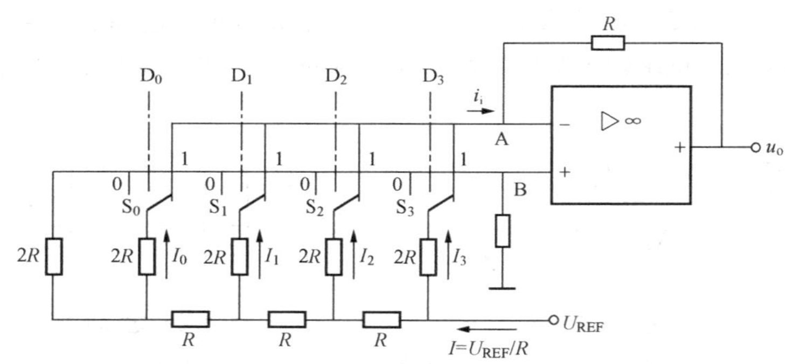

图 5.1.1 四位倒 T 型电阻网络 DAC

由图 5.1.1 可知，运算放大器反相输入端 $U_- \approx U_+ = 0$，所以无论开关 S_3、S_2、S_1、S_0 合到哪一边，都相当于接到了地，即“0”电位上，流过每个支路的电流也始终不变，电阻 $2R$ 皆可视为上端接地，这样，由 U_{REF} 端向左看，整个倒 T 形电阻网络的等效电阻始终为 R，因此从参考电压端流入的总电流 $I = \dfrac{U_{REF}}{R}$，而每个支路的电流依次为 $I_3 = \dfrac{I}{2}$、$I_2 = \dfrac{I}{4}$、$I_1 = \dfrac{I}{8}$、$I_0 = \dfrac{I}{16}$。

若令 $D_i = 0$ 时，S_i 接运算放大器的 U_+（接地），而 $D_i = 1$ 时的 S_i 接运算放大器的 U_-，由图 5.1.1 可知，流向运算放大器反相输入端的电流 i_i 为

$$
\begin{aligned}
i_i &= \frac{I}{2}D_3 + \frac{I}{4}D_2 + \frac{I}{8}D_1 + \frac{I}{16}D_0 \\
&= \frac{U_{REF}}{R\times 2^4}(D_3\cdot 2^3 + D_2\cdot 2^2 + D_1\cdot 2^1 + D_0\cdot 2^0) \\
&= \frac{U_{REF}}{R\times 2^4}D
\end{aligned} \tag{5.1.1}
$$

式中：$D = D_3\cdot 2^3 + D_2\cdot 2^2 + D_1\cdot 2^1 + D_0\cdot 2^0$。

在运算放大器的反馈电阻值等于 R 的条件下，输出电压为

$$u_o = -i_iR = -\frac{U_{REF}}{2^4}(D_3\cdot 2^3 + D_2\cdot 2^2 + D_1\cdot 2^1 + D_0\cdot 2^0) = -\frac{U_{REF}}{2^4}D \tag{5.1.2}$$

由上式可见，它可将 4 位二进制数字信号 $D_3D_2D_1D_0$ 线性地转换为对应的模拟信号 u_o。

若输入数字量为 1000，则输出为

$$u_o = -\frac{U_{REF}}{2^4}(1\cdot 2^3 + 0\cdot 2^2 + 0\cdot 2^1 + 0\cdot 2^0) = -\frac{U_{REF}}{2}$$

图 5.1.1 中，电子开关 S 是用单刀双投开关表示的，图 5.1.2 所示则为一种实际电子模拟开关。从图中可以看到，由两个 N 沟道增强型 MOS 管和一个非门组成，当输入数字电路第 i 位，$D_i=1$ 时，V1 导通，V2 截止，将该位的 $2R$ 电阻支路与运算放大器的反相输入端接通；当 $D_i=0$ 时，V2 导通，V1 截止，将 $2R$ 电阻接"地"。

5.1.2　DAC 的主要技术指标

1. 分辨率

分辨率是指最小输出电压和最大输出电压之比。它取决于 D/A 转换器的位数。如 8 位 D/A 转换器，最小输出电压与数字信号 00000001 对应，而最大输出电压与 11111111 对应。所以分辨率为$\frac{1}{2^8-1}\approx\frac{1}{2^8}$；对于 10 位 DAC，其分辨率为$\frac{1}{2^{10}}$。可见，数字量位数越多，分辨率越高。

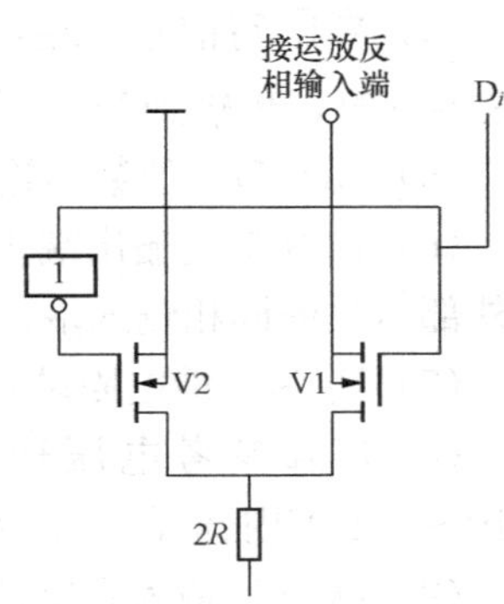

图 5.1.2　电子模拟开关

2. 线性误差

线性误差指实际的 D/A 转换特性和理想转换特性之间的最大偏差。主要是参考电压偏离标准值、运放的零点漂移、电子开关的压降、阻值误差等引起的。

3. 转换时间

转换时间指的是 D/A 转换器完成一次转换所需的最大时间。

5.1.3　集成器件及其应用

DAC 电路目前广泛使用集成器件，常见的集成 DAC 芯片有 DAC0832、DAC1232、AD7520 等。这些芯片尽管都能实现 D/A 转换，但性能指标上有较大差别，DAC0832 的分辨率为 8 位，AD7520 的分辨率为 10 位，而 DAC1232 的分辨率为 12 位，因此，使用时应根据实际需要选择不同型号的 DAC 芯片。下面仅介绍 DAC0832。

1. DAC0832 的内部结构和引脚功能

图 5.1.3 所示为 DAC0832 内部结构和逻辑符号，它的输入为 8 位二进制数，采用 CMOS 电路构成的寄存器和电子开关。具有转换控制简单，价格便宜等优点，各引脚的功能和使用方法说明如下。

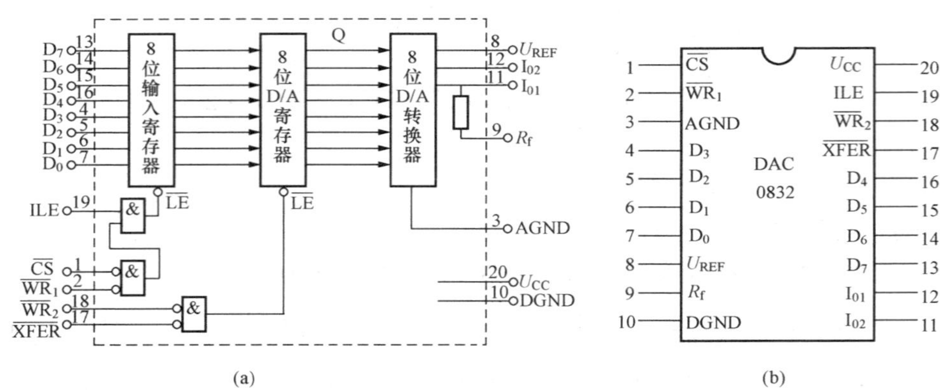

图 5.1.3 DAC0832 的内部结构和逻辑符号

（a）内部结构；（b）逻辑符号

（1）$\overline{CS}$片选端，ILE 输入锁存选通端：当$\overline{CS}$=0、ILE=1 时选通$\overline{WR_1}$。

（2）$\overline{WR_1}$写信号 1 端：当$\overline{WR_1}$=1 时，用来将输入数据送入输入寄存器中；当$\overline{WR_1}$=0 时，输入到寄存器中的数据被锁定，即寄存器中的数据不随输入数据而变。

（3）$\overline{XFER}$传输控制信号端：当$\overline{XFER}$=0 时，起选通$\overline{WR_2}$的作用。

（4）$\overline{WR_2}$写信号 2 端：当$\overline{WR_2}$=1 时，输入寄存器中的数据传输到 D/A 寄存器中，当$\overline{WR_2}$=0 时，传输到 D/A 寄存器中的数据被锁定。

（5）D_0～D_7 8 位数据输入端：D_7 为最高位，D_0 为最低位。

（6）I_{01}为电流输出端 1，I_{01}端应接外部运放的反相输入端。I_{02}为电流输出端 2，I_{02}端应接外部运放的同相输入端。

（7）R_f 为反馈电阻端：该端应接外部运放的输出端，因内部电阻 R 为运放的反馈电阻。

（8）U_{REF} 参考电压输入端：外加参考电压必须保证有很好的稳定度，电压可在+10～−10V内选择。U_{CC}为电源电压端，选择范围 5～15V。

（9）DGND 输入数字信号接地端。AGND 输出模拟信号接地端。

（10）当$\overline{LE}$=1 时 Q 随输入变化；当$\overline{LE}$=0 时被锁定。

2. DAC0832 的应用

图 5.1.4 所示为一个由 DAC0832 构成的数字音量调节电路。因为 DAC0832 为电流输

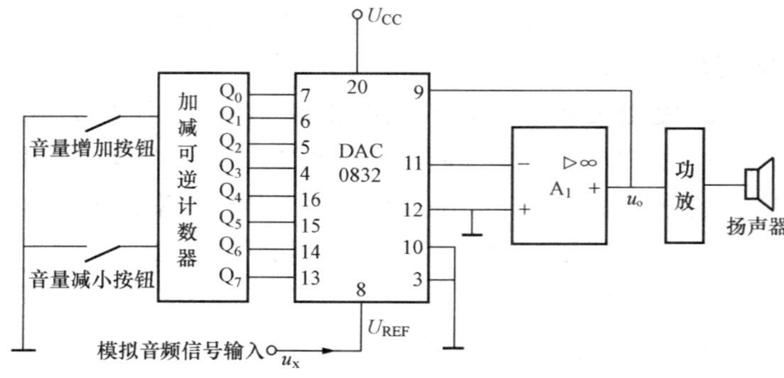

图 5.1.4 由 DAC0832 构成的数字音量调节电路

出型，所以要输出模拟电压，必须外接一个运算放大器构成电流/电压转换器，如图中 A_1 所示。音频模拟输入信号 u_x 直接加在 U_{REF} 端，8 位二进制加减可逆计数器的输出端 Q_0～Q_7 接到 DAC0832 的数据输入端 D_0～D_7。该电路的输出模拟电压应为

$$u_o = -\frac{D}{2^8} \cdot U_{REF} = -\frac{D}{2^8} u_x \quad (5.1.3)$$

式中：D 为输入 DAC 的数字量，也就是可逆计数器输出数字量的大小。按动音量增加按钮，计数器做加法计数，每按一次，计数值 D 增 1，DAC 输出的模拟电压相应增加，此时扬声器的音量也增加；相反，若按动音量减小按钮，扬声器的音量将会相应地减小。

5.2　A/D 转换器（ADC）

A/D 转换器的种类很多，主要有逐次逼近式 ADC、双积分型 ADC 和并行式 ADC 等。如并行式 ADC，它的转换速度非常高，8 位二进制输出的单片集成 ADC，转换速度可以缩短至 50ns 以内，但分辨率较低，制造成本也高；再如双积分型 ADC，其分辨率可以做的很高，但转换速度不高，一般转换时间在几十至几百毫秒，常用在测量仪表中；逐次逼近式 ADC 具有速度快、转换精度较高的优点，个别快速的 8 位 ADC 转换时间可以不超过 1μs，在自动控制领域应用相当广泛。逐次逼近式 ADC 的器件较多，如 AD570（8 位）、AD571（10 位）、AD572（12 位）、AD0809（8 位）等。这里，以四位的逐次逼近式 ADC 为例来介绍。

5.2.1　逐次逼近式 ADC 工作原理

图 5.2.1 所示为一个 4 位的逐次逼近式 ADC，它由数码寄存器、D/A 转换器、电压比较器和控制电路等构成。

转换开始前，先将所有寄存器清零，当外部电路向逐次逼近式 ADC 发出“启动”命令后，A/D 转换开始。首先时钟脉冲经控制电路将数码寄存器最高位置成 1，其输出数字为 1000。经 D/A 转换器转换成相应的模拟电压 u_F，再送到电压比较器与模拟输入电压 u_i 相比较。如果 $u_i > u_F$，说明寄存器中的数字比模拟信号小，于是寄存器最高位的 1 保留，寄存器的内容为 1000；若 $u_i < u_F$，表明寄存器中数字过大，则控制电路将寄存器的最高位 1 清除，变为 0，寄存器的内容为 0000，然后在寄存器的次高位置 1。连同第一次比较结果，寄存器的输出经 D/A 转换器转换并与模拟信号 u_i 比较，根据比较结果，再决定次高位的 1 是保留还是清除。如此，逐位进行比较，直到最低位比较完毕，整个转换过程结束。这时，寄存器中的数字即为模拟输入信号的数字输出。

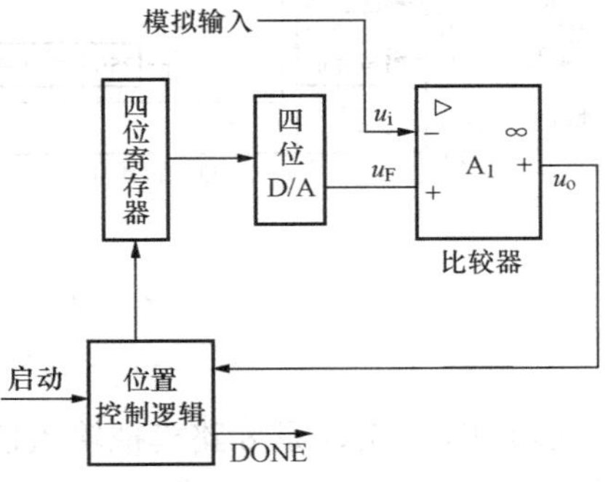

图 5.2.1　四位的逐次逼近式 ADC

5.2.2　ADC 的主要技术指标

1. 分辨率

分辨率是指输出的数字量变化一个相邻值所对应的输入模拟量的变化值，显然，ADC 的输出数字量位数越多，能分辨出的最小模拟电压就越小，转换精度也越高，分辨率就越

高。实用上也用 ADC 的位数表示分辨率。

2. 相对误差

相对误差指 A/D 转换器实际输出数字量和理想输出数字量之间的差别，通常以最低有效位（LSB）的倍数表示。例如，相对误差≤LSB/2，表明实际输出数字量和理论计算出数字量之间的误差不大于最低位 1 的一半$\left(\frac{1}{2}\right)$。

3. 转换时间

转换时间是指 ADC 完成一次转换所需要的时间。不同的转换电路，转换速度差异很大。并行式 ADC 的转换速度最高，逐次逼近式 ADC 次之，双积分型 ADC 较低。

5.2.3 集成器件及其应用

ADC0808/0809 是单片 8 路 8 位逐次逼近型 ADC，典型转换时间为 100μs，能对 8 路模拟电压信号分时进行转换，价格低廉，应用十分广泛。

1. ADC0809 的内部结构

ADC0809 是由 A、B、C 三位地址码控制的 8 路模拟量选择开关，8 位逐次逼近 ADC 和三态输出数据锁存器等构成，内部结构如图 5.2.2 所示。各引脚功能和使用方法说明如下：

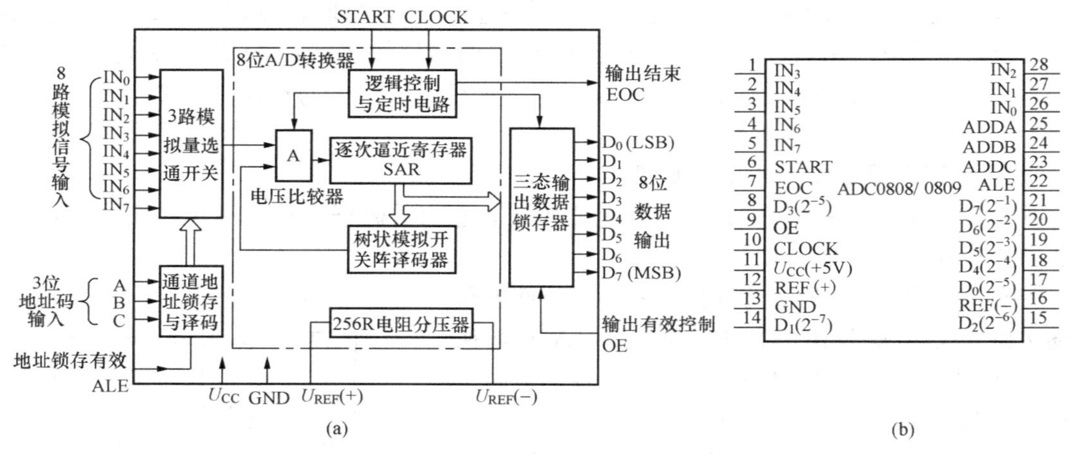

图 5.2.2 ADC0809 的内部结构和逻辑符号
（a）内部结构；（b）逻辑符号

（1）IN_0～IN_7 是 8 路模拟输入信号，ALE 为地址锁存允许信号，C、B、A 为地址码输入端。当 ALE=1 时，根据 C、B、A 所确定的地址，在 IN_0～IN_7 8 路模拟信号当中选择其中的一路送入 8 位 ADC。三位地址码与被选通道之间对应关系见表 5.2.1。

表 5.2.1 模拟通道的选择

地址码 C B A	选择的模拟通道	地址码 C B A	选择的模拟通道
0 0 0	IN_0	1 0 0	IN_4
0 0 1	IN_1	1 0 1	IN_5
0 1 0	IN_2	1 1 0	IN_6
0 1 1	IN_3	1 1 1	IN_7

（2）CLOCK 为外部时钟输入，时钟频率允许范围 10～1280kHz，典型值为 640kHz。提高或降低时钟频率，ADC 转换速度也会相应提高或降低。

（3）START 为 ADC 启动控制端。正脉冲有效，正脉冲上升沿控制清除 8 位 ADC 中数码寄存器的内容，下降沿启动 8 位 ADC，即 ADC 转换开始。

（4）EOC 是 ADC 结束标志信号。当 EOC=0 时，表示 ADC 转换正在进行。当 EOC=1 时，则为 ADC 转换结束。

（5）OE 输出允许信号，当 OE=1 时，三态输出数据锁存器将 ADC 转换结果输出到 8 位数据输出线上。D_0～D_7 是 8 位数据输出线，D_7 为最高有效位，D_0 为最低有效位。

（6）REF（+），REF（－）正负基准电压输入端，为内部 DAC 提供基准电压，一般 $U_{REF(+)}=5V$，$U_{REF(-)}=0V$。U_{CC}为电源（+5V）输入端。

2. ADC0809 的工作过程

首先将三位二进制地址码分别加在 C、B、A 端，当 ALE=1 时，根据三位地址码，选通与地址码对应的一个模拟信号通道，使该通道的模拟电压（IN_0～IN_7 其中之一）送入 8 位 ADC。当地址锁存后，再在 START 端加上启动脉冲，此时，ADC 端启动，EOC 变为低电平（EOC=0），表示转换正在进行。当 ADC 转换结束时，EOC 变为高电平（EOC=1），标志 ADC 转换已完成。同时 8 位 ADC 转换结果也被锁入三态数据锁存器中。当外部电路检测到 EOC=1 后，向 OE 端送入高电平（OE=1），可使三态数据锁存器中的数据送至 8 位数据线 D_0～D_7，外部电路即可从 8 位数据线上取得本次 ADC 转换的结果。

习　　题

5.1　试思考：什么叫数/模转换？什么叫模/数转换？

5.2　在图 5.1.1 所示的 4 位倒 T 型电阻网络 DAC 中，若参考电压 U_{REF} 为－9V，试求输入数字量为 0001、0010、0100、1000、1001 时的输出电压 u_o。

5.3　DAC0832 的分辨率是多少？若参考电压为 $U_{REF}=5V$，试计算：

（1）当输入数字量 $D_7D_6D_5D_4D_3D_2D_1D_0$ 的每一位分别为 1 时在输出端产生的电压；

（2）输入全为 1、全为 0 时对应的输出电压值。

5.4　试用 DAC0832 和同步十六进制计数器 74LS161 组成波形发生器电路。若已知 $U_{REF}=-10V$，试画出输出电压 u_0 的波形，并标出波形图上各点电压的幅度。

5.5　试比较并行式 ADC、逐次逼近型 ADC 和双积分型 ADC 各自的特点。

5.6　在测量仪表中选用 ADC，你认为应选哪一类？为什么？若在自动控制系统中，又该如何选用？

5.7　试思考：ADC0808/0809 属于什么型的 ADC，有何特点？

第6章

半导体存储器

存储器是数字系统中用于存储信息、程序和数据的部件，广泛应用于计算机、彩色电视机以及一些具有记忆功能的数字系统中。存储器有多种，按其制造存储器的材料不同可分为半导体存储器、磁存储器和光存储器。半导体存储器属于大规模集成电路范畴。由于大规模集成电路集成度高，能将较复杂的逻辑部件或数字系统集成到一块芯片上，它的应用能有效地缩小设备体积、减轻设备重量、降低功耗、提高系统稳定性和可靠性，所以大规模数字集成电路应用得到飞速发展。

6.1 概　　述

6.1.1 半导体存储器的功能

半导体存储器是一种能存储大量二值信息的半导体器件，是数字系统和电子计算机的重要组成部分，其功能是存放数据、指令等信息。

6.1.2 半导体存储器的分类

集成半导体存储器按工艺的不同分为双极型和单极型两种；按功能的不同分为只读存储器（ROM）和随机存取存储器（RAM）。

6.1.3 半导体存储器的主要技术指标

1. 存储容量

存储器中有许多存储单元用来存放数据、指令等信息。每一个存储单元可存放1位二进制信息。这些存储单元通常设计成矩阵形式，存储单元的数目决定了存储器的容量。存储器中信息的读出或写入是以“字节”为单位进行的（每次写入或读出一个字节）。一个字节有若干位数据，每位数据各自存放在一个存储单元中。为了区别各个不同的字节，将存放同一个字节的各位数据的存储单元编为一组，并赋予一个号码，称为地址。不同字的单元具有不同的地址。所以在进行读/写操作时，可以按照地址选择欲进行读、写操作（称为访问）的单元。存储单元数据进、出的通道叫数据线。

（1）用字数×位数表示，以位为单位。常用来表示存储芯片的容量，如1K×4位，表示该芯片有1K个单元（1K=1024），每个存储单元的长度为4位。

（2）用字节数表示容量，以字节为单位，如128B，表示该芯片有128个字节，每个存储单元的长度为8位。现代计算机存储容量很大，常用KB、MB、GB和TB为单位表示存储容量的大小。其中，1KB=2^{10}B=1024B；1MB=2^{20}B=1024KB；1GB=2^{30}B=1024MB；1TB=2^{40}B=1024GB。存储容量越大，所能存储的信息越多，计算机系统的功能便越强。

2. 存取时间

存取时间是指从启动一次存储器操作到完成该操作所经历的时间。例如，读出时间是指从CPU向存储器发出有效地址和读命令开始，直到将被选单元的内容读出为止所用的时间，一般为十几纳秒至几百纳秒。存取时间越小，存取速度越快。

3. 存储周期

连续启动两次独立的存储器操作（如连续两次读操作）所需要的最短间隔时间称为存储周期，它是衡量主存储器工作速度的重要指标。一般情况下，存储周期略大于存取时间。

4. 功耗

功耗反映了存储器耗电的多少，同时也反映了其发热的程度。

5. 可靠性

可靠性一般指存储器对外界电磁场及温度等变化的抗干扰能力。存储器的可靠性用平均故障间隔时间（Mean Time Between Failures，MTBF）来衡量。MTBF可以理解为两次故障之间的平均时间间隔。MTBF越长，可靠性越高，存储器正常工作能力越强。

6. 集成度

集成度指在一块存储芯片内能集成多少个基本存储电路，每个基本存储电路存放一位二进制信息，所以集成度常用位/片来表示。

7. 性能/价格比

性能/价格比（简称性价比）是衡量存储器经济性能好坏的综合指标，它关系到存储器的实用价值。其中性能包括前述的各项指标，而价格是指存储单元本身和外围电路的总价格。

6.2 随机存取存储器（Random Access Memory，RAM）

随机存取存储器是一种既可以存储（写入）数据又可以取出（读出）数据的存储器，并且读出信息是非破坏性的，即读出信息后，存储器的内容不变，可反复读出。在计算机中主要用来存放各种现场的输入、输出数据和中间结果，但是RAM保存的数据具有易失性，一旦失电，所保存的数据立即丢失，如计算机中的内存。

随机存取存储器有双极型晶体管存储器和MOS存储器之分。MOS随机存取存储器又可分为静态随机存取存储器（SRAM）和动态随机存取存储器（DRAM）。

6.2.1 RAM的电路结构与工作原理

1. RAM存储单元

存储单元是存储器的最基本单元，它可以存放一位二进制数据。

（1）静态RAM存储单元。静态RAM存储单元的结构如图6.2.1所示。虚线框内为六管SRAM存储单元，其中，VT1～VT4构成基本RS触发器。VT5、VT6为本存储单元的控制门，由行选择线 X_i 控制。$X_i=1$，VT5、VT6导通，存储单元与位线接通；$X_i=0$，VT5、VT6截止，存储单元与位线隔离。VT7、VT8是一列存储单元的公共控制门，用于控制位线和数据线的连接状态，由列选择线 Y_j 控制。显然，当位选信号 X_i 和列

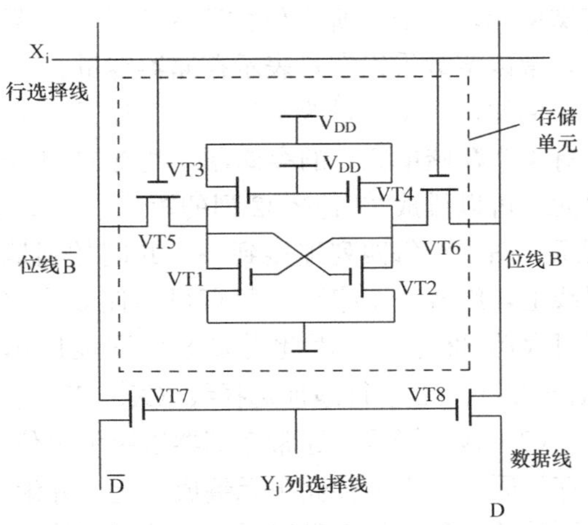

图6.2.1 静态RAM存储单元的结构

选信号 Y_j 都为高电平，VT5～VT8 均导通，触发器与数据线接通，存储单元才能进行数据的读或写操作。静态 RAM 靠触发器保存数据，只要不断电，数据就能长久保存。

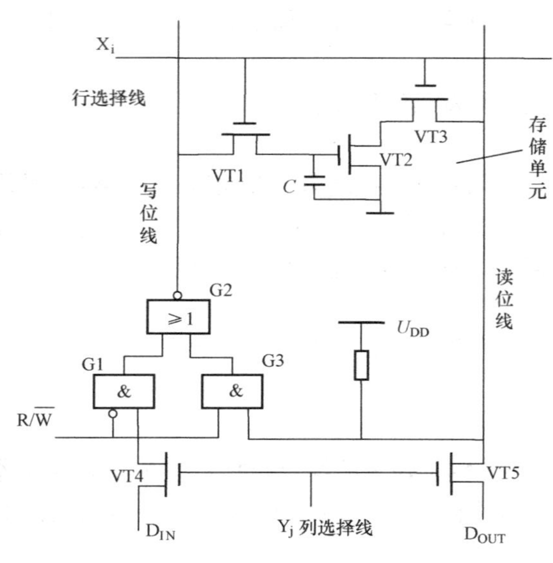

图 6.2.2　三管动态存储单元

（2）动态 RAM 存储单元。动态 RAM 存储数据的原理是靠 MOS 管栅极电容的电荷存储效应。由于漏电流的存在，栅极电容上存储的数据（电荷）不能长期保持，必须定期给电容补充电荷，以免数据丢失，这种操作称为再生或刷新。

动态 RAM 存储单元有三管和单管两种。图 6.2.2 所示为三管动态存储单元。图中，MOS 管 VT2 及其栅极电容 C 是动态 RAM 的基础，电容 C 上充有足够的电荷，VT2 导通（0 状态），否则 VT2 截止（1 状态）。图中，行、列选择信号 X_i、Y_j 均为高电平时，存储单元被选中，经 VT5 读出数据，或经 VT4 写入数据。读写控制信号 R/$\overline{W}$为高电平时进行读操作，低电平时进行写操作。在进行读操作时，由于 G2 门打开，经 VT3 读出的数据又再次写入存储单元，即对存储单元进行刷新。在进行写操作时，G1 门打开，G2 门关闭，写入数据 D_{IN}经 G3 反相后使电容 C 充电或放电。$D_{IN}=0$ 时，电容充电；$D_{IN}=1$ 时，电容放电。

2. RAM 的基本结构

存储器一般由存储矩阵、地址译码器和输入/输出控制电路三部分组成，如图 6.2.3 所示。存储器有三类信号线，即数据线、地址线和控制线。

（1）存储矩阵。一个存储器内有许多存储单元，一般按矩阵形式排列，排成 n 行 m 列。存储器是以字为单位的内部结构，一个字含有若干个存储单元，一个字所含位数称为字长。实际应用中，常以字数乘以字长表示存储器容量。

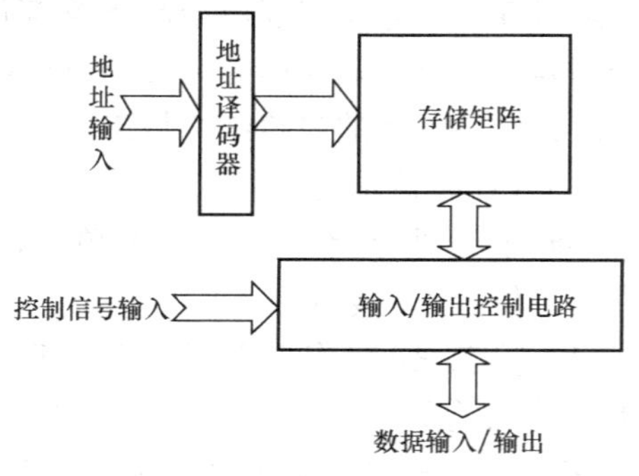

图 6.2.3　RAM 的基本结构

例如，一个容量为 256×4（256 个字，每个字有 4 个存储单元）的存储器，共有 1024 个存储单元，可以排成 32 行×32 列的矩阵，如图 6.2.4 所示。图中，每四列连接到一个共同的列地址译码线上，组成一个字列。每行可存储 8 个字，每列可存储 32 个字，因此需要 8 根列地址选择线（Y_0～Y_7）、32 根行地址选择线（X_0～X_{31}）。

（2）地址译码。通常存储器以字为单位进行数据的读写操作，每次读出或写入一个字，将存放同一个字的存储单元编成一组，并编一个号码，称为地址。不同的字存储单元被赋予不同的地址码，从而可以对不同的字存储单元按地址进行访问。字（存储）单元也称为地址单元。

通过地址译码器对输入地址译码选择相应的地址单元。在大容量存储器中，一般采用双译码结构，即有行地址和列地址，分别由行地址译码器和列地址译码器译码。行地址和列地址共同决定一个地址单元。地址单元个数 N 与二进制地址码的位数 n 有以下关系 $N=2^n$ 即 2^n 个，（字）存储单元需要 n 位（二进制）地址。

图 6.2.4 中，256 个字单元被赋予一个 8 位地址（5 位行地址和 3 位列地址），只有被行地址选择线和列地址选择线选中的地址单元才能对其进行数据读写操作。

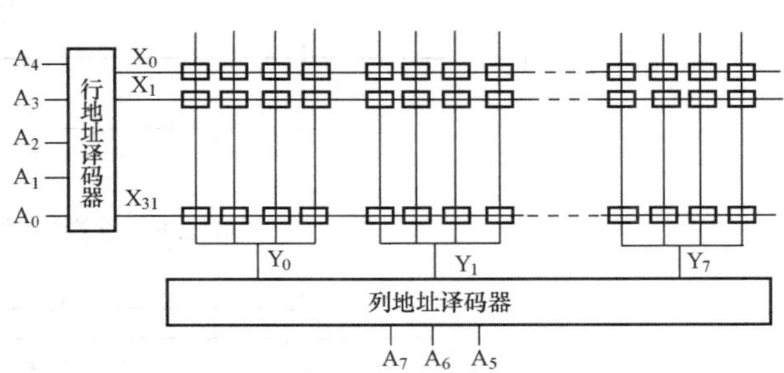

图 6.2.4　256×4 存储矩阵

（3）输入输出控制。RAM 中的输入输出控制电路除了对存储器实现读或写操作的控制外，为了便于控制，还需要一些其他控制信号。图 6.2.5 所示为一个简单输入/输出控制电路，他不仅有读/写控制信号 R/$\overline{\text{W}}$，还有片选控制信号 CS。

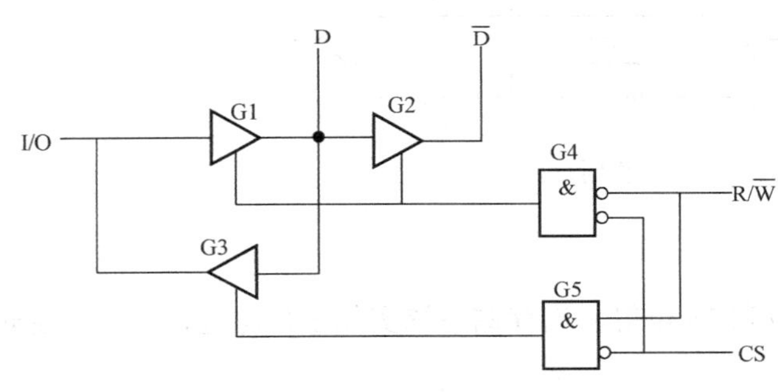

图 6.2.5　输入/输出控制电路

当片选信号 CS=1 时，G4、G5 输出为 0，三个三态缓冲器 G1、G2、G3 处于高阻状态，输入/输出（I/O）端与存储器内部隔离，不能对存储器进行读/写操作。当 CS=0 时，存储器使能；若 R/$\overline{\text{W}}$=1，G5 为 1，G3 门打开，G1、G2 高阻状态，存储的数据 D 经 G3 输出，即实现对存储器读操作；若 R/$\overline{\text{W}}$=0，G4 为 1，G1、G2 打开，输入数据经缓冲后以互补形式出现在内部数据线上，实现对存储器写操作。

6.2.2　RAM 的操作与定时

为保证存储器正确工作，加到存储器的地址、数据和控制信号之间存在一定的时序关系。

1. RAM 读操作定时

图 6.2.6 所示为 RAM 读操作时序图，可以看出：存储单元地址 ADD 有效后，至少需要经过 t_{AA}时间，输出线上的数据才能稳定、可靠。t_{AA}称为地址存取时间。片选信号 CS 有效后，至少需要经过 t_{ACS}时间，输出数据才能稳定。图中，t_{RC}称为读周期，它是存储器芯片两次读操作之间的最小时间间隔。

2. RAM 写操作定时

图 6.2.7 所示为写操作时序图。从图中，可知地址信号 ADD 和写入数据应先于写信号 R/$\overline{\text{W}}$。为防止数据被写入错误的单元，新地址有效到写信号有效至少应保持 t_{AS}时间间隔，t_{AS}称为地址建立时间。同时，写信号失效后，ADD 至少要保持一段写恢复时间 t_{WR}，写信号有效时间不能小于写脉冲宽度 t_{WP}，t_{WC}是写周期。

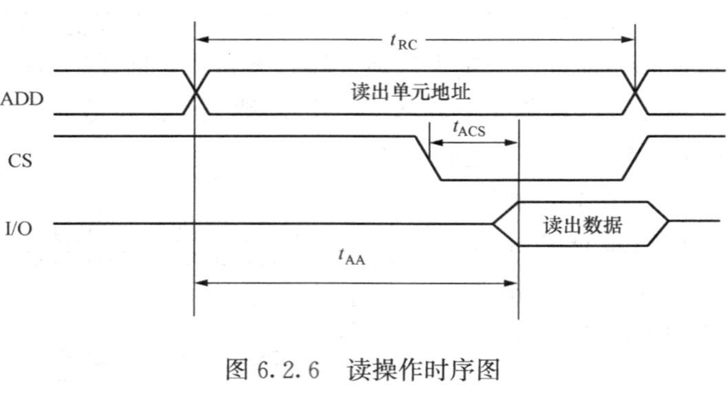

图 6.2.6 读操作时序图

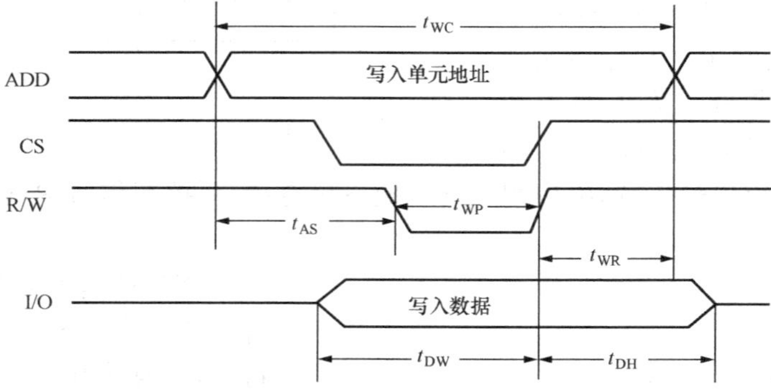

图 6.2.7 写操作时序图

6.2.3 RAM存储容量的扩展

1. 字长（位数）的扩展

存储芯片的字长有1位、4位、8位和16位等。当存储系统实际字长超过存储芯片字长时，需要进行字长扩展。

一般字长扩展的方法是将存储芯片并联使用，如图6.2.8所示。这些存储芯片的地址、读/写、片选信号线应相应地连接在一起；而各芯片的输入/输出（I/O）线作为字节的各个位。也可用其他方法扩展字长。图6.2.8所示为由8片1024（1K）×1位RAM构成的1024×8位RAM系统。

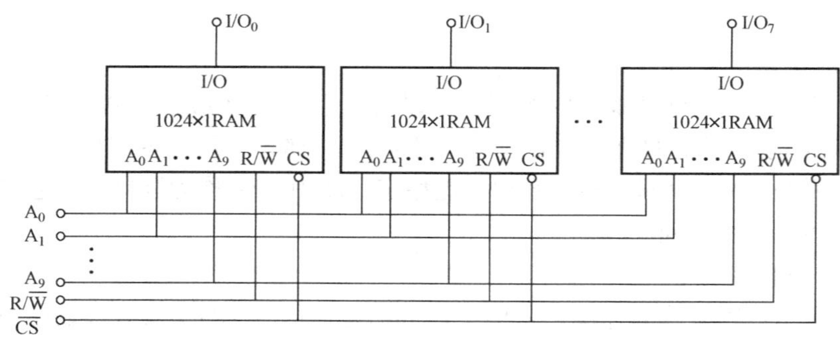

图 6.2.8 1K×1位RAM扩展成的1K×8位RAM

2. 存储器字数的扩展

存储器的地址线表明存储器寻址范围，一个存储器地址线的多少表明该存储器可存储字

(节) 数的多少。十根地址线 ($A_0 \sim A_9$) 可有 $2^{10}=1024=1K$ 个地址，可存储 1K 个字。存储器通常用 K、M、G 表示存储容量，$1M=2^{20}=1024K$、$1G=2^{30}=1024M$。当一片存储器字 (节) 数不能满足需要时，可以用多片存储器通过增加地址线的方式扩展寻址范围，增大总字 (节) 存储量。

图 6.2.9 中，输入/输出线、读/写线和地址线 $A_0 \sim A_9$ 是并联起来的，高位地址码 A_{10}、A_{11} 和 A_{12} 经 74138 译码器 8 个输出端分别控制 8 片 1K×8 位 RAM 的片选端，以实现字扩展。图 6.2.9 给出了字扩展的一般框图。

如果需要，我们还可以采用位与字同时扩展的方法，以扩大 RAM 的容量。

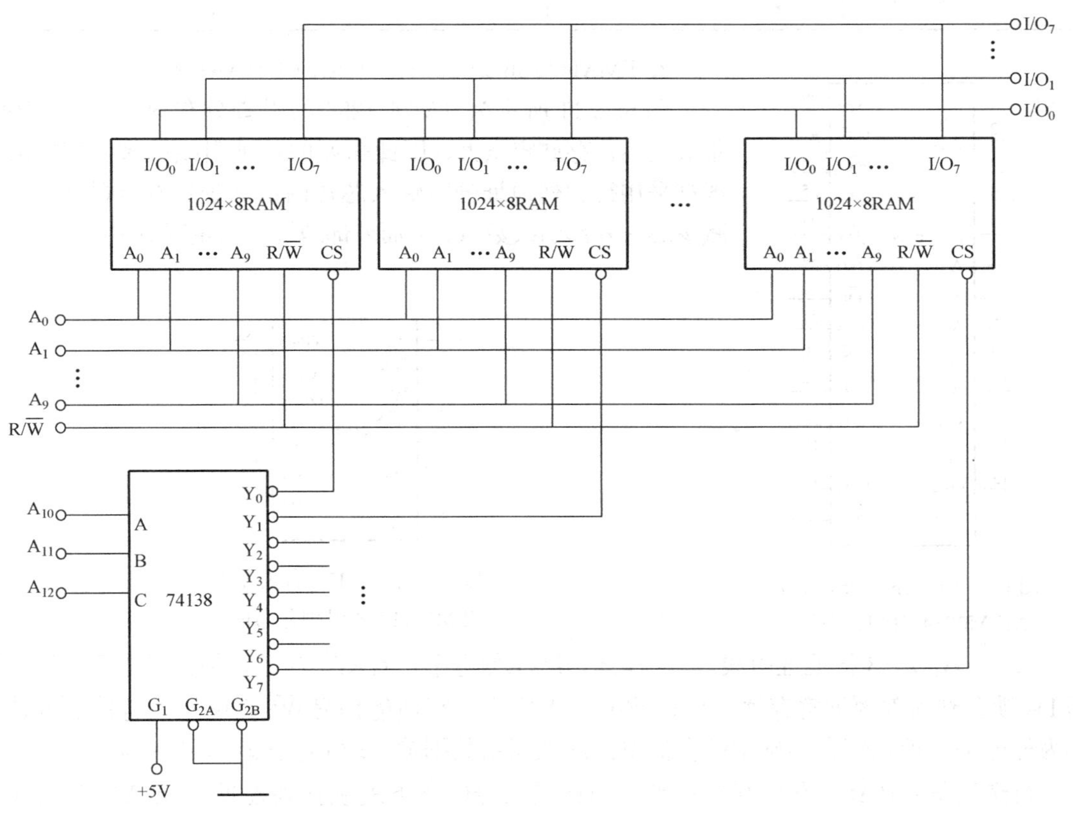

图 6.2.9　1K×8 位 RAM 扩展成 8K×8 位

6.2.4 RAM 举例

存储器的品种繁多，除了 RAM 和 ROM 之分、存储容量区别之外，随机存储器 RAM 还有动态 DRAM 和静态 SRAM。存储器芯片内半导体开关器件很多，为减小存储器芯片功耗都采用 CMOS 工艺。以下介绍两个较典型的 RAM。

1. MCM6264 是 8K×8 位的并行输入/输出 SRAM 芯片

该芯片采用 28 引脚塑料双列直插式封装，6264 功能见表 6.2.1，其引脚分布如图 6.2.10 所示。13 根地址引线 ($A_0 \sim A_{12}$) 可寻址 8K 个存储地址，每个存储地址对应 8 个存储单元，通过 8 根双向输入/输出 (I/O) 数据线 ($D_0 \sim D_7$) 对数据进行并行存取。数据线的输入/输出功能是通过读写控制线 ($R/\overline{W}$) 加以控制的。$R/\overline{W}$ 高电平时，数据线作输出端口；$R/\overline{W}$ 低电平时，数据线作输入端口。2 个片选端 ($\overline{CS_0}$、CS_1) 和 1 个输出使能端 ($\overline{OE}$)

是为了扩展存储容量实现多片存储芯片连接用的。

表 6.2.1　　MCM6264　功　能　表

$\overline{CS}_0$	CS_1	$\overline{OE}$	$R/\overline{W}$	方式	I/O	周期
1	×	×	×	无	高阻态	—
×	0	×	×	无	高阻态	—
0	1	1	1	输出禁止	高阻态	—
0	1	0	1	读	D_O	读
0	1	×	0	写	D_I	写

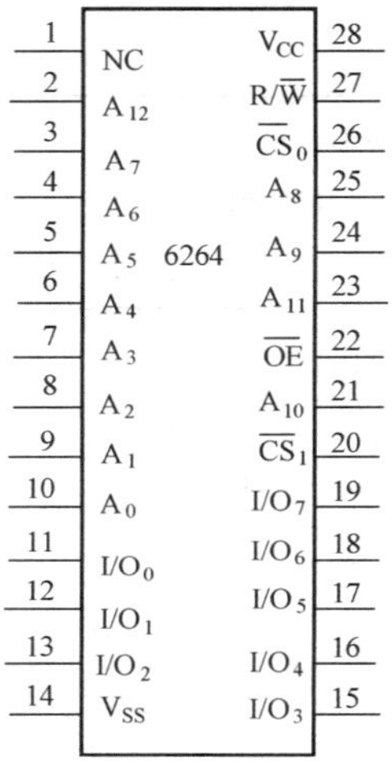

2. TMM41256 是 256K×1 位的 DRAM 芯片

图 6.2.11 所示为 TMM41256 的引脚分布图。由于 DRAM 集成度高，存储容量大，因此需要的地址引线就多。DRAM 一般都采用行、列地址分时输入芯片内部地址锁存器的方法，为减少芯片外部引线数量，从而外部地址线数量减少一半。

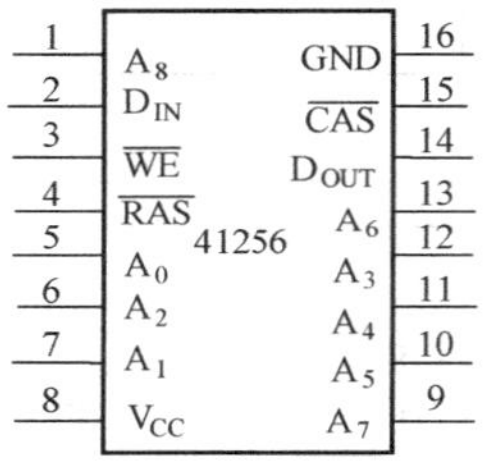

图 6.2.10　8K×8SRAM MCM6264 引脚分布图

图 6.2.11　8K×1DRAM TMM41256 引脚分布图

（A_0～A_{12}）13 根地址引线，写使能信号$\overline{WE}$低电平，且$\overline{RAS}$和$\overline{CAS}$都为低电平，输入数据 D_{IN}锁存到内部数据寄存器，执行数据写入操作。写使能信号$\overline{WE}$高电平，且$\overline{RAS}$和$\overline{CAS}$都为低电平，地址锁存器确定的存储单元的数据由数据输出端 O_{OUT}输出，执行数据读操作。

行选通信号$\overline{RAS}$下跳锁存行地址，列选通信号$\overline{CAS}$下跳锁存列地址。DRAM 没有单独片选端，是由$\overline{RAS}$信号提供片选功能。DRAM 必须有一个数据刷新操作，以保证数据不会丢失。

6.3　只读存储器（Read Only Memory，ROM）

随机存储器具有易失性，掉电后所存数据丢失。而经常需要一种存储器掉电后数据不丢失，只读存储器具有这种性能。与 RAM 不同，ROM 一般由专用装置写入数据，数据一旦写入便不能随意改写，断电后，数据也不会丢失，因此常用于存放固定程序和数据。如计算机启动时的自检程序、初始化程序便是固化在 ROM 中。

按存储内容存入方式，只读存储器可分为固定 ROM 和可编程 ROM 两种。固定 ROM 的优点是存储信息可靠，不会丢失，缺点是信息的写入必须由芯片制造商完成，要更改必须换新的芯片。随着电子技术的发展，相继出现了可编程的ROM和可改写可编程的ROM，使ROM的使用更加方便、灵活、通用性更强。可编程ROM又可分为一次可编程存储器PROM、光可擦除可编程存储器EPROM、电可擦除可编程存储器EEPROM（或E^2PROM）和快闪存储器5种。

表6.3.1 ROM的种类与特点

类型	功能特点	擦除方式与擦写时间	工艺结构特点
固定ROM	只读	掩膜ROM不可擦除	有二极管、MOS管等结构
PROM	可一次改写	高电压脉冲电擦除，编程时间十几微秒，需编程器	一般为三极管、熔丝结构
紫外线可擦除可编程ROM（EPROM）	可多次改写，擦除时间长	紫外线擦除时间20～30min，需编程器	FMOS或SIMOS管结构
电擦除可编程ROM（EEPROM）	可改写100～10 000次，速度快	高电压（+20V）脉冲电擦除，编程时间约20ms，需编程器	Flotox管结构
快闪式ROM（Flash ROM）	可多次、方便地改写，集成度高，速度快	新一代电擦除，速度更快，不需编程器	叠栅MOS管结构

6.3.1 掩膜式只读存储器（MROM）

固定ROM又称为掩膜ROM。MROM的内容是由生产厂家按用户要求在芯片的生产过程中写入的，写入后不能修改。MROM采用二次光刻掩膜工艺制成，首先要制作一个掩膜板，然后通过掩膜板曝光，在硅片上刻出图形。制作掩膜板工艺较复杂，生产周期长，因此生产第一片MROM的费用很大，而复制同样的ROM就很便宜了，所以适合于大批量生产，不适用于科学研究。MROM有双极型、MOS型等几种电路形式。

图6.3.1所示为4×4位MOS管ROM，采用单译码结构，两位地址线A1、A0译码后可有四种状态，输出4条选择线，分别选中4个单元，每个单元有4位输出。在此矩阵中，行和列的交点处有的连有VT管，表示存储“0”信息；有的没有VT管，表示存储“1”信息。若地址线$A_1A_0=00$，则选中0号单元，即字线0为高电平，若有管子与其相连（如位线2和0），其相应的MOS管导通，位线输出为0，而位线1和3没有VT管与字线相连，则输出为1。因此，单元0输出为1010。

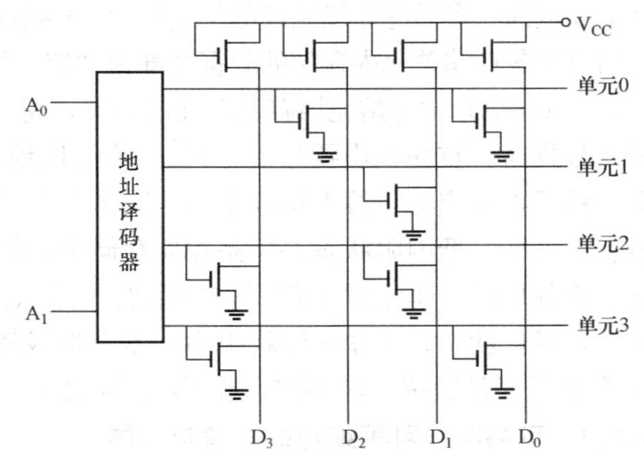

图6.3.1 掩膜式ROM示意图

6.3.2 可编程只读存储器（PROM）

图6.3.2所示为ROM的原理图，包含存储矩阵、地址译码器和输出缓冲器三个组成部分。只要给定ROM一个地址码，就有一个相应的固定不变的数据输出，所以ROM也是一种编码器。用户能在特定条件下按自己的需要进行一次性编程的ROM叫做PROM（Pro-

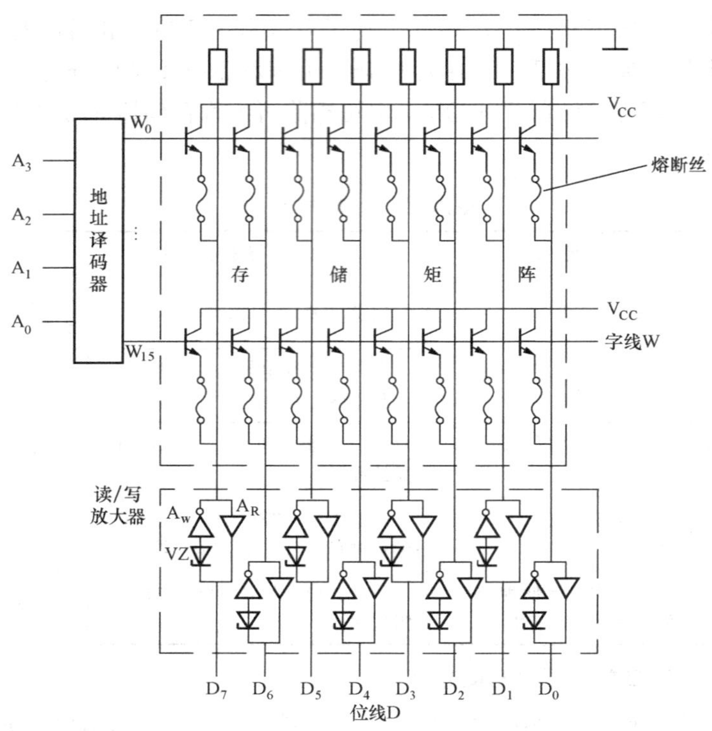

图 6.3.2 ROM 的原理图

grammable Read Only Memory)。PROM 具有熔丝结构，它的编程方法称为熔丝编程。

PROM 常采用二极管或三极管做基本存储电路，图 6.3.2 是一种由三极管组成的基本存储电路，三极管的集电极接电源 V_{CC}，基极接字线，发射极通过一个熔丝接位线。熔丝是用低熔点的合金或很细的多晶硅导线制成的快速熔丝，PROM 在出厂时，三极管阵列的熔丝均为完好状态，相当于各存储单元内存储的数据全部为“1”，如要某存储单元存入“0”，可用规定的大电流（20～50 mA）脉冲熔化该存储单元的熔丝，而未被熔化熔丝的存储单元仍为“1”。

写入数据时，首先找出要写入“0”的单元地址，输入相应的地址码使相应的字线输出高电平，然后在相应的位线上按规定加入高电压脉冲，使稳压管 VZ 导通，写入放大器 A_W 的输出呈低电平、低内阻状态，于是相应存储单元的三极管饱和导通，有较大的脉冲电流流过熔丝，将其熔断。当正常工作时，读出放大器 A_R 输出的高电平不足以使 VZ 导通，A_W 不工作。在只读状态，工作电流将很小，不会造成熔丝烧断，即不会破坏原存信息。显然，PROM 存储单元的数据一经写好，就不能再更改了。

6.3.3 可擦除、可再编程的只读存储器

PROM 虽然可供用户进行一次编程，但仍有局限性。为了便于研究工作，实验各种 ROM 程序方案，可擦除、可再编程 ROM 在实际中得到了广泛应用。这种存储器利用编程器写入信息，此后便可作为只读存储器来使用。

目前，根据擦除芯片内已有信息的方法不同，可擦除、可再编程 ROM 可分为两种类型：紫外线擦除 PROM（简称 EPROM）和电擦除 PROM（简称 EEPROM 或 E^2PROM）。

1. EPROM 简介

初期的 EPROM 元件利用浮栅雪崩注入 MOS，记为 FAMOS。它的集成度低，用户使

用不方便，速度慢，因此很快被性能和结构更好的叠栅注入 MOS 即 SIMOS 取代。

EPROM 封装方法与一般集成电路不同，需要有一个能通过紫外线的石英窗口。擦除时，将芯片放入擦除器的小盒中，用紫外灯照射约 15～20min，若读出各单元内容均为 FFH，说明原信息已被全部擦除，恢复到出厂时的全“1”状态，此后可在此写入信息。写好信息的 EPROM 为了防止因光线长期照射而引起的信息破坏，常用遮光胶纸贴于石英窗口上。

图 6.3.3 所示为 Intel 2716 芯片的引脚分布图，它是常用的 EPROM 芯片之一。

引脚	Intel 2716		引脚
1	A_7	V_{CC}	24
2	A_6	A_8	23
3	A_5	A_9	22
4	A_4	V_{PP}	21
5	A_3	$\overline{CS}$	20
6	A_2	A_{10}	19
7	A_1	PD/PGM	18
8	A_0	O_7	17
9	O_0	O_6	16
10	O_1	O_5	15
11	O_2	O_4	14
12	GND	O_3	13

图 6.3.3　Intel 2716 的引脚分布图

2. E^2PROM 简介

EPROM 的擦除是对整个芯片进行的，不能只擦除个别单元或个别位，擦除时间较长，且擦写均需离线操作，使用起来不方便，因此，能够在线擦写的 E^2PROM 芯片近年来得到广泛应用。

E^2PROM 是一种采用金属—氮—氧化硅（MNOS）工艺生产的可擦除可再编程的只读存储器。擦除时只需加高压对指定单元产生电流，形成“电子隧道”，将该单元信息擦除，其他未通电流的单元内容保持不变。E^2PROM 具有对单个存储单元在线擦除与编程的能力，而且芯片封装简单，对硬件线路没有特殊要求。它擦除、读写速度比 EPROM 快得多，既能像 RAM 那样随机地进行读写，又能像 ROM 那样在断电的情况下保存数据，且容量大、体积小，操作简单可靠，信息存储时间长。

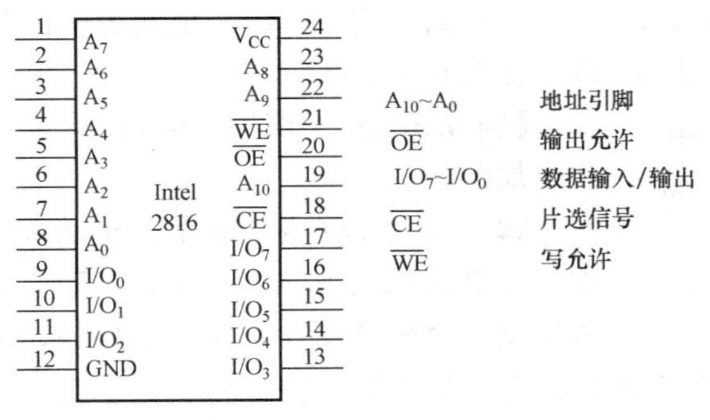

图 6.3.4　Intel 2816 的引脚分布图

E^2PROM 给需要经常修改程序和参数的应用领域带来了极大的方便。它除了广泛应用于计算机主板外，还广泛应用于手机、单片机、家用电器、汽车电子等众多领域。图 6.3.4 所示的 Intel 2816 存储器是一种 2K×8 位的 E^2PROM 芯片。

6.3.4　快闪式只读存储器（Flash ROM）

Flash ROM 是在 EPROM 和 EEPROM 技术的基础上发展的一种新型半导体存储器，既有 EPROM 价格低、集成度高的优点，兼具 EEPROM 的电可擦除、可重写性和非易失性。传统的 EEPROM 芯片只能按字节擦除，而 Flash ROM 每次可擦除一块或整个芯片。Flash ROM 的读和写操作都是在单电压下进行，属于真正的单电压芯片。

Flash ROM 的工作速度快于传统的 EPROM 芯片，一片 1MB 的快闪式存储芯片，其擦除、重写时间小于 5s。Flash ROM 的存储容量普遍大于 EPROM，现已做到 1GB 以上。读取速度快，读取时间小于 90ns。寿命长体现在可反复擦除百万次以上，数据保存时间至少 20 年。现在常用的优盘（U 盘）、MP3 以及计算机内部的 BIOS 芯片、显示器的缓存都采用了 Flash ROM 芯片。

6.3.5 ROM的应用举例

ROM广泛应用于计算机、电子仪器、电子测量设备和数控电路，其具体应用有专门的教材进行论述，这里仅介绍用ROM在数字逻辑电路中的应用。

从前面分析ROM的工作原理可了解到，ROM中的地址译码器可产生地址变量的全部最小项，能够实现地址变量（输入变量）的与运算，即字线W与地址变量存在与逻辑关系，而ROM中的存储矩阵可实现有关字线变量的或运算。实际上，ROM是由与阵列和或阵列构成的组合逻辑电路。因此，ROM除作为存储器外，还可以实现组合逻辑函数。

【例6.3.1】 试用ROM实现下列一组逻辑函数。

$$Y_1 = A\overline{B} + \overline{B}C$$
$$Y_2 = AB + AC + BC$$
$$Y_3 = AB + BC + \overline{B}\,\overline{C}$$
$$Y_4 = \overline{A}\,\overline{C} + B\overline{C} + A\overline{B}C$$

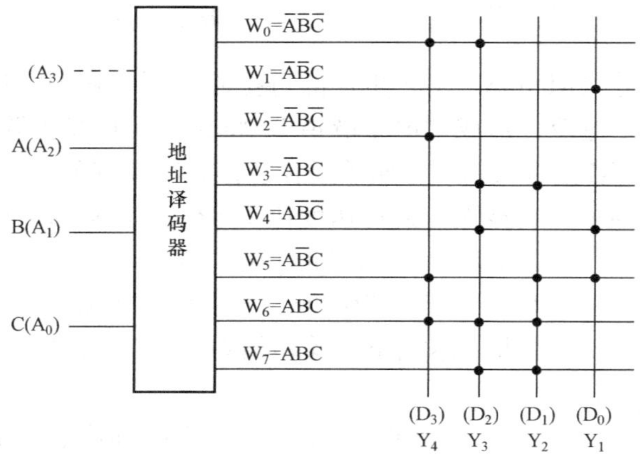

图6.3.5 ［例6.3.1］用ROM实现的逻辑阵列

解 （1）将逻辑函数转为标准与或式，并用最小项表达式

$$Y_1 = \sum m\ (1,\ 4,\ 5)$$
$$Y_2 = \sum m\ (3,\ 5,\ 6,\ 7)$$
$$Y_3 = \sum m\ (0,\ 3,\ 4,\ 6,\ 7)$$
$$Y_4 = \sum m\ (0,\ 2,\ 5,\ 6)$$

（2）画出用ROM实现的逻辑阵列图，如图6.3.5所示。

【例6.3.2】 试用PROM构成一位全加器。

解 （1）设在第i位的二进制数相加，真值表见表6.3.2。表中有三个输入变量，分别为被加数A_i、加数B_i、来自低位的进位数C_{i-1}。两个输出函数分别为本位和S_i、向相邻高位的进位数C_i。由真值表得出全加器的输出函数表达式为

$$S_i = \overline{A}_i\overline{B}_iC_{i-1} + \overline{A}_iB_i\overline{C}_{i-1} + A_i\overline{B}_i\overline{C}_{i-1} + A_iB_iC_{i-1} = m_1 + m_2 + m_4 + m_7$$
$$C_i = \overline{A}_iB_iC_{i-1} + A_i\overline{B}_iC_{i-1} + A_iB_i\overline{C}_{i-1} + A_iB_iC_{i-1} = m_3 + m_5 + m_6 + m_7$$

表6.3.2 **［例6.3.2］表**

A_i	B_i	C_{i-1}	S_i	C_i
0	0	0	0	0
0	0	1	1	0
0	1	0	1	0
0	1	1	0	1
1	0	0	1	0
1	0	1	0	1
1	1	0	0	1
1	1	1	1	1

(2) 由上式可知，应选用具有 3 位地址输入端的 PROM，分别作为变量 A_i、B_i、C_{i-1} 的输入端，取或列阵的两个输出端作全加器的输出端 S_i、C_i。由此画出图 6.3.6 所示的用 PROM 实现一位全加器的简化图。

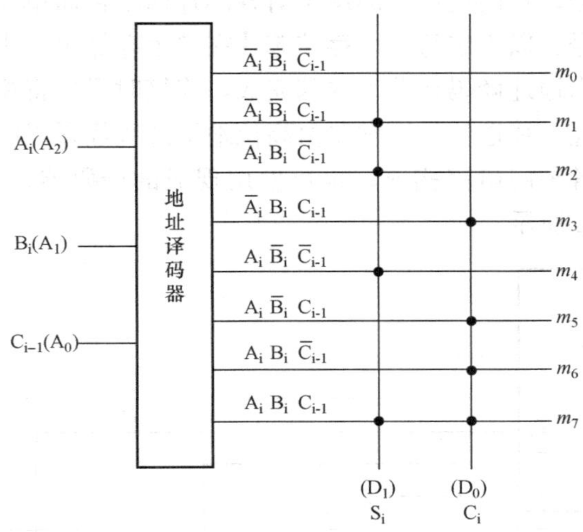

图 6.3.6　[例 6.3.2] 用 PROM 构成一位全加器的阵列图

6.4　存储器与 CPU 的连接

CPU 对存储器进行访问时，首先要在地址总线上发地址信号，选择要访问的存储单元，还要向存储器发出读/写控制信号，最后在数据总线上进行信息交换。因此，存储器与 CPU 的连接实际上就是存储器与三总线中相关信号线的连接。

1. 存储器与控制总线的连接

在控制总线中，与存储器相连的信号线为数不多，如 8086/8088 最小方式下的 M/IO（8088 为 M/IO）、RD 和 WR，最大方式下的 MRDC、MWTC、IORC 和 IOWC 等，连接也非常简单，有时这些控制线（如 M/IO）也与地址线一同参与地址译码，生成片选信号。

2. 存储器与数据总线的连接

对于不同型号的 CPU，数据总线的数目不一定相同，连接时要特别注意。

8086 CPU 的数据总线有 16 根，其中高 8 位数据线 D15～D8 接存储器的高位库（奇地址库），低 8 位数据线 D7～D0 接存储器的低位库（偶地址库），根据 BHE（选择奇地址库）和 A0（选择偶地址库）的不同状态组合决定对存储器做字操作还是字节操作。图 6.4.1 给出了由两片 6116（2K×8）构成的 2K 字（4K 字节）的存储器与 8086 CPU 的连接情况。

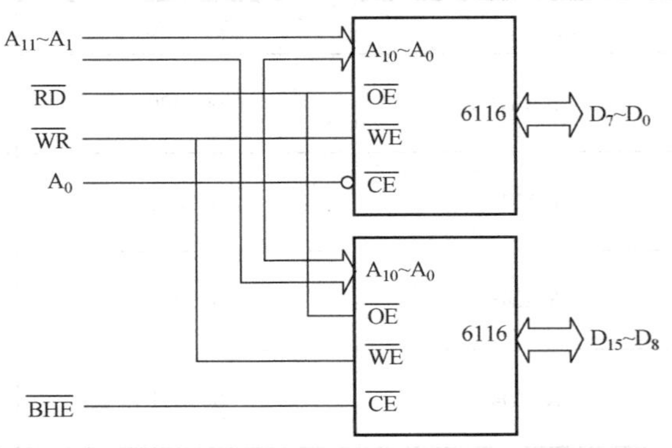

图 6.4.1　6116 与 8086 CPU 的连接

8 位机和 8088 CPU 的数据总线有 8

根，存储器为单一存储体组织，没有高低位库之分，故数据线连接较简单。

3. 存储器与地址总线的连接

前面已经提到，对于由多个存储芯片构成的存储器，其地址线的译码被分成片内地址译码和片间地址译码两部分。片内地址译码用于对各芯片内某存储单元的选择，而片间地址译码主要用于产生片选信号，以决定每一个存储芯片在整个存储单元中的地址范围，避免各芯片地址空间的重叠。片内地址译码在芯片内部完成，连接时只需将相应数目的低位地址总线与芯片的地址线引脚相连。片选信号通常要由高位地址总线经译码电路生成。地址译码电路可以根据具体情况选用各种门电路构成，也可使用现成的译码器，如 74LS138（3～8 译码器）等，实例如图 6.4.2 所示。

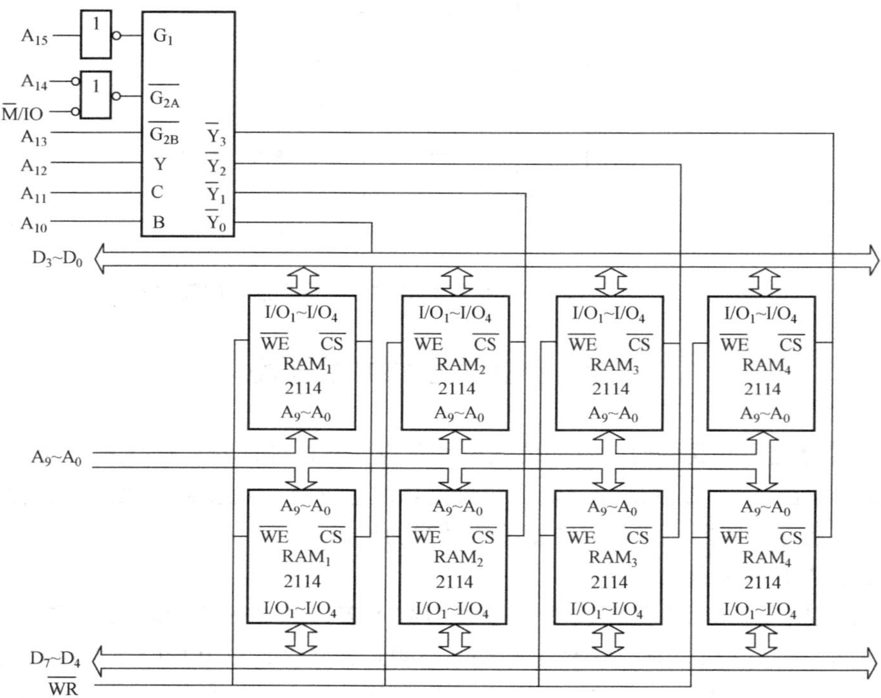

图 6.4.2　字位同时扩展连接图

表 6.4.1　　**各组芯片的地址范围**

芯　　片	A_{15}～A_{10}	A_9～A_0	地址范围
RAM1	000000	0000000000 1111111111	0000H 03FFH
RAM2	000001	0000000000 1111111111	0400H 07FFH
RAM3	000010	0000000000 11111111111	0800H 0BFFH
RAM4	000011	0000000000 1111111111	0C00H 0FFFH

片间地址译码一般有线选法、部分译码和全译码等方法。线选法是直接将某高位地址线接某存储芯片片选端，该地址线信号为1时选中所连芯片，然后再由低位地址对该芯片进行片内寻址。线选法不需外加逻辑电路，线路简单，但不能充分利用系统的存储空间，可用于小型微机系统或芯片较少时。全译码是除了地址总线中参与片内寻址的低位地址线外，其余所有高位地址线全部参与片间地址译码。全译码法不会产生地址码重叠的存储区域，对译码电路要求较高。部分译码是线选法和全译码相结合的方法，即利用高位地址线译码产生片选信号时，有的地址线未参加译码。这些空闲地址线在需要时还可以对其他芯片进行线选。部分译码会产生地址码重叠的存储区域。

习　题

6.1　试思考：半导体存储器的主要技术指标有哪些？它们的含义是什么？

6.2　试思考：ROM和RAM的主要区别是什么？它们各适用于哪些场合？

6.3　试思考：什么是静态RAM？什么是动态RAM？它们在电路的结构和读/写操作上各有何特点？

6.4　试思考：什么是RAM？它主要有哪几个部分组成？各部分有何作用？

6.5　试思考：某计算机的内存储器有32条地址线和16条数据线，该存储器的存储容量是多少？

6.6　试指出下列容量的半导体存储器的字数为多少？它们的地址线和数据线各为多少条？

(1) 1024×8位；

(2) 2114×4位；

(3) 8kB×8位；

(4) 64kB×1位。

6.7　试述固定ROM、PROM、EPROM、EEPROM、快闪式ROM之间有哪些异同点？

6.8　有一ROM的存储内容见表6.1，试分析：

(1) 存储容量是多少？

(2) 画出对应的ROM阵列图。

(3) 写出该ROM所实现的逻辑函数的表达式，并化简。

表6.1　　题6.8表

地址代码		字线译码结果				存储内容			
A_1	A_0	W_3	W_2	W_1	W_0	D_3	D_2	D_1	D_0
0	0	0	0	0	1	1	0	1	0
0	1	0	0	1	0	0	1	0	1
1	0	0	1	0	0	1	1	1	0
1	1	1	0	0	0	1	1	0	1

6.9　试用 ROM 实现下列一组逻辑函数，并画出 ROM 的阵列图。

$$Y_1 = ABC + AB\bar{C} + \bar{A}BC + \bar{A}\bar{B}C$$

$$Y_2 = \bar{A}B + A\bar{B}$$

$$Y_3 = \bar{A}\bar{B}C + A\bar{B}\bar{C} + AB\bar{C}$$

$$Y_4 = A\bar{B} + \bar{A}BC + AB\bar{C} + ABC$$

6.10　试用 ROM 实现下列一组逻辑函数，并画出 ROM 的阵列图。

$$Y_0 = BCD + A\bar{B}C\bar{D} + ABCD$$

$$Y_1 = \bar{A}CD + ABC\bar{D}$$

$$Y_2 = \bar{A}\bar{B}CD + \bar{A}BC\bar{D} + ABCD$$

$$Y_3 = \bar{A}C\bar{D} + \bar{A}\bar{B}C\bar{D} + \bar{A}B\bar{C}\bar{D}$$

第 7 章

数字电子电路实训

数字钟是一种典型的计时数字电路，其中包括了组合逻辑电路和时序逻辑电路。目前，数字钟的功能越来越强，并且有多种专门的大规模集成电路可供选择。从有利于学习和易于实施的角度考虑，下面仅以使用中小规模集成电路的数字钟为训练电路。

7.1 数字钟的构成

数字钟实际上是一个对标准频率（1Hz）进行计数的计数电路。图 7.1.1 所示为数字钟的一般构成框图，由振荡器电路、分频器电路、计时单元、扩展单元等部分组成。

1. 振荡器

振荡器电路常使用晶体振荡器电路。晶体振荡器电路给数字钟提供一个频率稳定准确的方波信号（如晶体 XTAL 的频率为 32768Hz），可保证数字钟的走时准确及稳定。不管是指针式的电子钟还是数字显示的电子钟都使用了晶体振荡器电路。

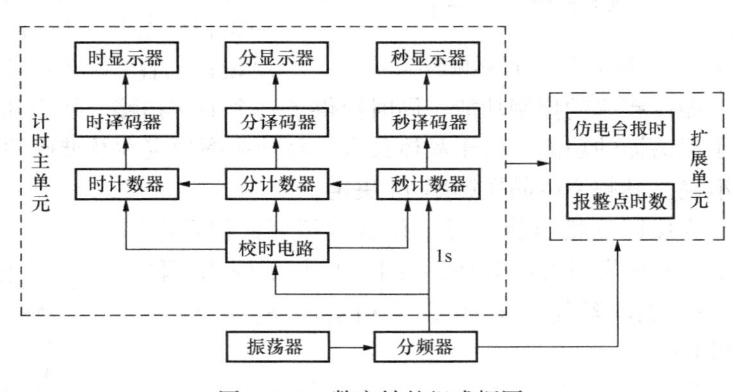

图 7.1.1　数字钟的组成框图

2. 分频器

分频器可将振荡器产生的高频方波信号（如晶体振荡器产生的高频 32768Hz）分频（如 2^{15} 级）后得到 1Hz 的方波信号供秒计数器进行计数。分频器实际上使用的是计数器电路。

3. 计时单元

计时单元用于实现 12（或 24）进制计数和显示及时间调节。计时单元包括（时、分、秒）计数、译码驱动、显示、校时电路。其中“秒个位”和“分个位”计数器为 10 进数，“秒十位”和“分十位”为 60 进制计数，而“时个位”和“时十位”计数为 12（或 24）进制计数；译码驱动电路将计数器输出的 8421BCD 码转换为数码管需要的逻辑状态，并且为数码管正常工作提供足够的工作电流；数码管为数字钟显示器件（这里显示阿拉伯数字 0～9）。由于计数的起始时间不可能与标准时间（如北京时间）一致，故需要在电路上加一个校时电路，校时电路实际上是将秒信号（或毫秒级信号）加到被校位（如分或时）使该位快速计数，达到调节时间的目的。

4. 报时电路

“报时”是指当数字钟计时到某特定时间时，以声、光等方式告知此时刻的时间。一般包括整点报时、半点报时、定点报时等。例如，仿电台报时四低一高，一般低音用 500Hz，高音用 1kHz 的交流信号驱动蜂鸣器发声，也可以播放语音芯片发生报时。

7.2　数字钟的电路选择

7.2.1　振荡器电路选择

振荡器电路常使用晶体振荡器产生时钟源，晶体振荡器是构成数字式时钟的重要部分，它产生高精度、高稳定的方波脉冲信号供时钟电路工作之用。数字式晶体振荡器电路通常有两类，一类是用 TTL 门电路构成，另一类是通过 CMOS 非门构成的电路。

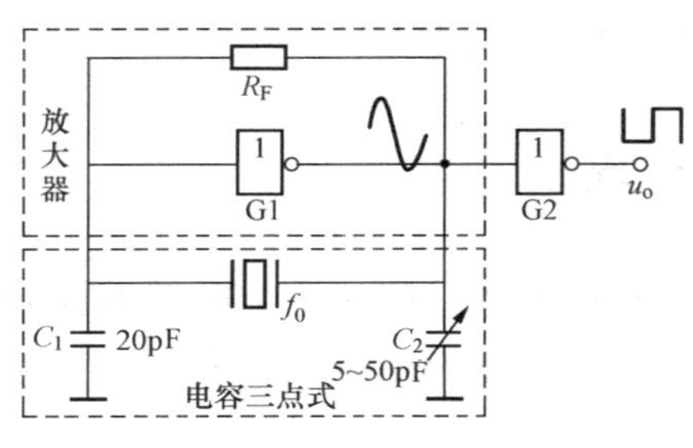

图 7.2.1　晶体振荡器

1. 晶体振荡器

图 7.2.1 所示是非门 G1 与晶振、电容和电阻构成的晶体振荡器电路，G2 实现整形功能，将振荡器输出的近似于正弦波的波形转换为较理想的方波。输出反馈电阻 R_F 为非门提供偏置，使电路工作于放大区域，即非门的功能近似于一个小信号、高增益的反相放大器。$f=f_0$ 时，电抗 $X=0$，回路构成正反馈；电容 C_1、C_2 与晶体构成一个谐振型网络，完成对振荡频率的控制功能，同时提供了一个 180°相移，从而和非门构成一个正反馈网络，实现了振荡器的功能。由于晶体具有较高的频率稳定性及准确性，从而保证了输出频率的稳定和准确。其频率由晶振频率 f_0 决定。

为保证反相器静态时工作在转折区，偏置电阻 R_F 取值范围为：若使用 TTL 反相器时 R_F 取 0.7～2kΩ，若使用 CMOS 反相器时 R_F 取 10～100MΩ。

2. 555 多谐振荡器

如果精度要求不高也可以采用集成电路定时器 555 与 RC 组成的多谐振荡器。如图 7.2.2 所示。

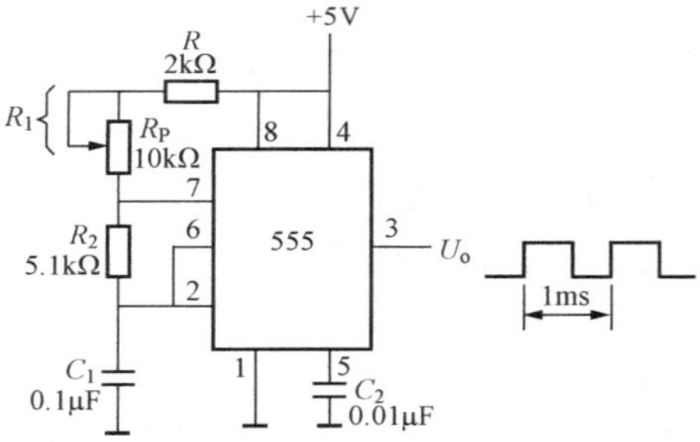

图 7.2.2　555 定时器与 RC 组成多谐振荡器

振荡周期为

$$T = T_1 + T_2 \approx 0.7(R_1 + 2R_2)C$$

振荡频率为

$$f = \frac{1}{T} = \frac{1.43}{(R_1 + 2R_2)C}$$

7.2.2　分频器电路选择

数字钟的晶体振荡器输出频率通常较高，为了得到 1Hz 的秒信号输入，需要对振荡器的输出信号进行分频。分频器的功能主要是产生标准秒脉冲信号和为功能扩展电路提供所需要的信号，如仿电台报时用的 1kHz 的高音频信号和 500Hz 的低音频信号等。

分频器的实现通常使用计数器，计数器的种类很多，按输出编码形式可分为二进制码、BCD 码和约翰逊码计数器三种。根据时钟工作方式又可分成同步式和异步式两种，异步计数器的各级触发器的时钟是串行连接的，计数速度较慢；同步计数器的各计数单元（触发器）均由同一时钟来驱动，计数速度快。现在生产的计数器中，多数为同步计数器。

1. CC4518 COMS 计数器

CC4518、CC4520 是 CMOS 计数器中最基本的同步计数器，仅具有“加法计数”和清零功能。4518 是 BCD 码（即二—十进制）计数器，而 4520 是四位二进制计数器。它们内部都含有功能相同的两只计数器。4518 和 4520 的功能和使用方法基本相同。它们的逻辑符号如图 7.2.3 所示，其真值表见表 7.2.1。

表 7.2.1 CC4518（4520）真值表

CP	EN	CR	功能
↑	1	0	加计数
0	↓	0	加计数
↓	×	0	保持
×	↑	0	保持
↑	0	0	保持
1	↓	0	保持
×	×	1	复位

图 7.2.3 CC4518、CC4520 逻辑符号

其中，CP（Clock）：时钟上升沿触发输入端；EN（Clock enable）：时钟下降沿触发输入端；CR（Clear）：异步清零端。CR=1 时，计数器清零；$1Q_{1A}$～$1Q_D$：计数器 1 输出端；$2Q_A$～$2Q_D$ 计数器 2 输出端。

这两种计数器可以在时钟脉冲正跳变或负跳变时触发，如采用时钟上升沿触发，则信号从 CP 端输入，这时时钟 EN 端必须接高电平 EN=1。若用时钟下降沿触发，则信号从 EN 端输入，但这时 CP 端必须接低电平 CP=0。CR 为异步清零端，高电平有效。

CC4518（4520）内部的两个计数器可单独使用，也可级联起来扩大计数范围。级联使用时可把高位的 Q_D 端连接到下一级 EN 端，并同时使下一级的 CP 端接低电平，如图 7.2.4 所示。

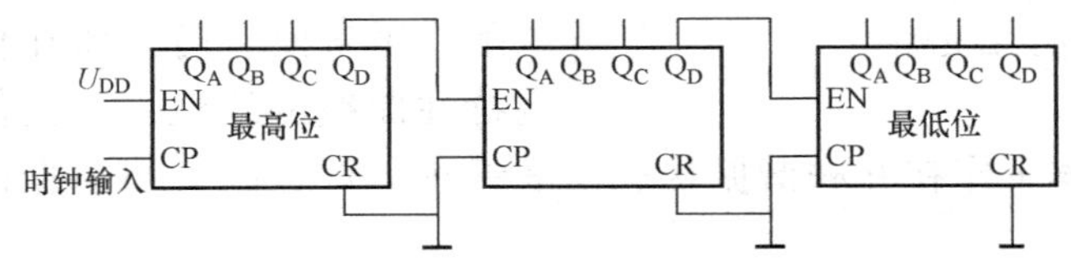

图 7.2.4 计数器的级联

如果把 Q_D 端接到后级的 CP 端，利用 Q_D 输出脉冲的上升沿来计数，则得不到“逢十进一”的结果，而只能完成八进制计数。

分频器一般采用多级 2 进制计数器来实现。使用 CC4518（4520）各计数器串联使用可组成多级分频。若对晶振频率为 32768Hz 的信号分频至 1Hz 需要四片 CC4518。

2. CC4060 COMS14 位二进制串行计数/分频器

CC4060（CD4060）是 14 位二进制串行计数/分频器。它由两部分电路组成，一部分是振荡器电路，另一部分电路是 14 级二进制分频器。计数器只有 10 个输出端 Q_4～Q_{10}、Q_{12}～Q_{14}，其逻辑符号和真值表分别见图 7.2.5 和表 7.2.2。

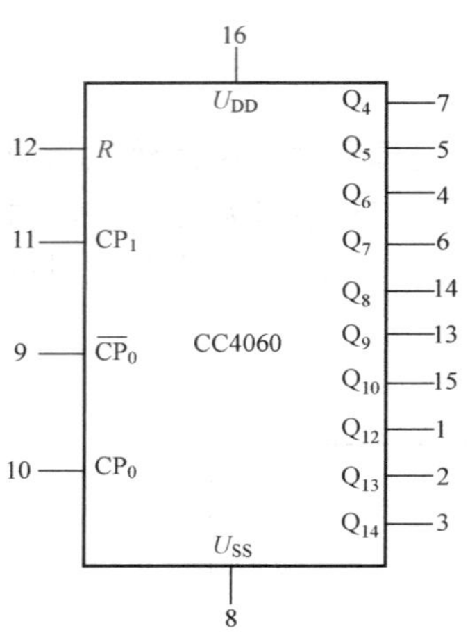

图 7.2.5　CC4060 逻辑符号

表 7.2.2　　CC4060 真 值 表

输入		输出
CP_1	R	计数器状态
↑	0	不变
0	0	
1	0	
↓	0	加法计数器
×	1	输出全为 0

使用其内部两级反相放大器，通过外接电阻和电容构成 RC 振荡器，连接方法如图 7.2.6（a）所示。它和由普通门电路构成的 RC 振荡器电路是一样的，只要改变 R、C 值，就可以得到不同的振荡频率，振荡频率与 RC 之间有以下近似关系

$$f=\frac{1}{2.2R_TC_T}$$

电阻 R_s 是为了改善振荡器的稳定性，减小由于器件参数的差异引起振荡频率的变化而加的，其值要尽量大于 R_T。

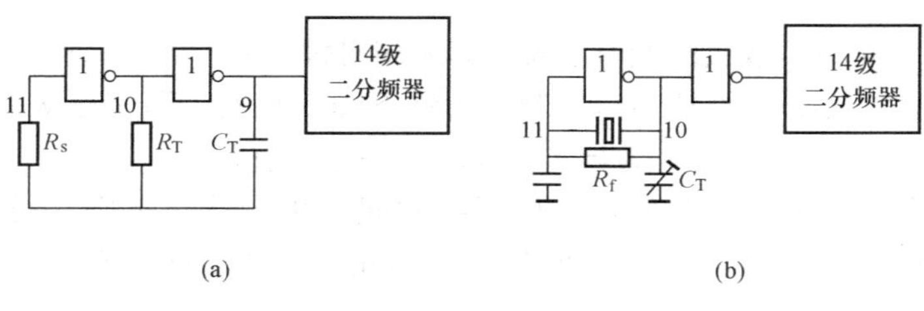

图 7.2.6　CC4060 的振荡电路

（a）外接电阻和电容；（b）外接石英晶体

通过外接石英晶体可构成高精度的晶体振荡器，如图 7.2.6（b）所示。由 CC4060 内部门电路构成的晶体振荡器也与用普通门电路构成的晶体振荡器的电路一样，图中的电阻 R_f 是反馈电阻，用来使非门工作在传输特性曲线的线性区，其值可在几兆欧到几十兆欧间选取，晶体工作在并联谐振状态，呈感性。调节 C_T，可对振荡频率进行微调到精确值。

CC4060 分频器部分是由 D 触发器组成的 14 位二进制串行计数器，其分频系数为 16～16384（分别由 Q_4～Q_{14} 输出）。R 为复零端，R=1 时计数器全部清零，同时使时钟禁止输入或者使内振荡器停振；R 为低电平时，进入计数状态。

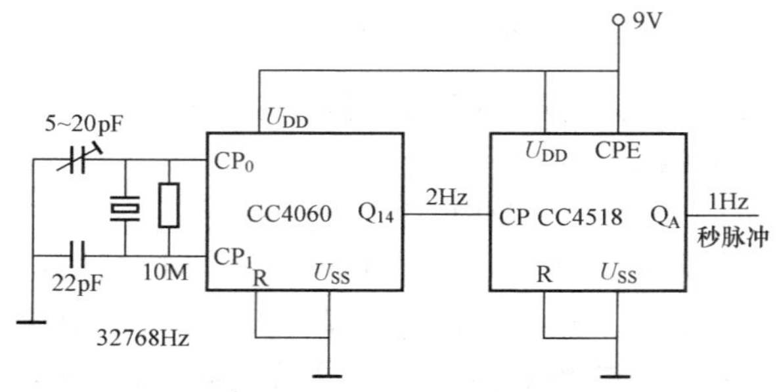

图 7.2.7　晶体振荡器和十五级分频器电路

图 7.2.7 所示为 CC4060 分频器构成的秒信号发生器电路，它可以为数字

钟或其他计数器提供固定的时钟信号（1s）。该电路是由 CC4060 和 BCD 码同步加法计数器 CC4518 构成。电路中利用 CC4060 组成两部分电路，一部分是 14 级分频器，另一部分是由外接电子表用石英晶体构成的频率为 32768Hz（$=2^{15}$ Hz）的振荡源。振荡器输出经 14 级分频后在输出端 Q_{14} 上得到 2Hz 脉冲，再送入由 CC4518 构成的二分频器，分频后在输出端 Q_A 上得到秒基准信号，频率为 1Hz。

CD4060 在数字集成电路中可实现的分频次数较高，而且 CD4060 还包含振荡电路所需的非门，使用更为方便。

7.2.3　时间计数单元电路选择

时间计数单元有时计数、分计数和秒计数等几个部分。时计数单元一般为 12 进制计数器或 24 进制计数器；分计数和秒计数单元为 60 进制计数器，其输出都为 8421BCD 码。

六十进制计数器和二十四进制计数器均可由双 BCD 加法计数器 CC4518 实现。CC4518 内含有两个十进制计数器，用一片 CC4518 就可以构成六十进制或二十四进制计数器。

选取 CC4518 和与非门 CC4011 采用反馈复位法构成的六十进制和二十四进制加法计数器，电路分别如图 7.2.8 所示。

在图 7.2.8（a）中，将 $2Q_C$ 和 $2Q_B$ 端与后接至 CR 端，构成了六十进制计数器，在图 7.2.8（b）中，将 $1Q_C$ 和 $2Q_B$ 相与后接至 CR 端构成了二十四进制计数器。

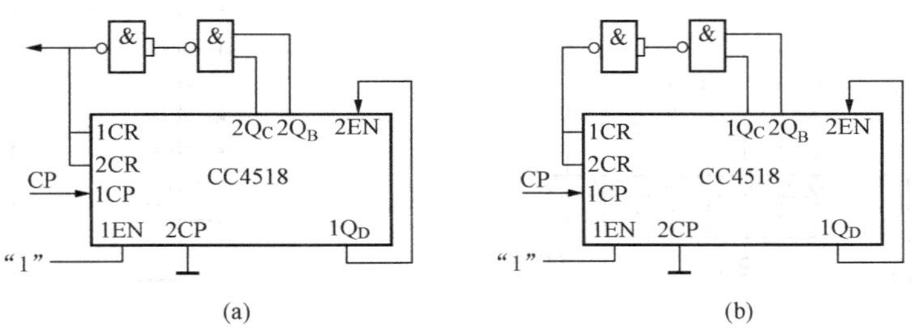

图 7.2.8　六十进制和二十四进制加法计数器电路

（a）六十进制计数器；（b）二十四进制计数器

在这两个电路中，“计数器 1”的控制脉冲均由 1CP 端输入，因此 1EN 应接高电平；“计数器 2”控制脉冲均由 2EN 端输入，因此 2CP 应接低电平。

将 $1Q_D$ 接至 2EN 保证了低位十进制计数器向高位计数器提供触发信号。图 7.2.9 是同步十进制计数器的时序图。

由图 7.2.8 可以看出：当“计数器 1”的状态由 1001 向 0000 转换时，$1Q_D$（2EN）正好是一个下降沿，因此高位的计数器开始计数。

为了保证电路能可靠地工作，可在“s”、“min”、“h”计数器反馈复位支路中，加一个 RS 触发器，如图 7.2.10 所示（以六进制电路为例）。将与非门组成的 RS 触发器的输出接至计数器的复位端，展宽了复位和进位信号的脉冲宽度，使其在本位可靠地复位的同时向高位提供了进位触发脉冲。

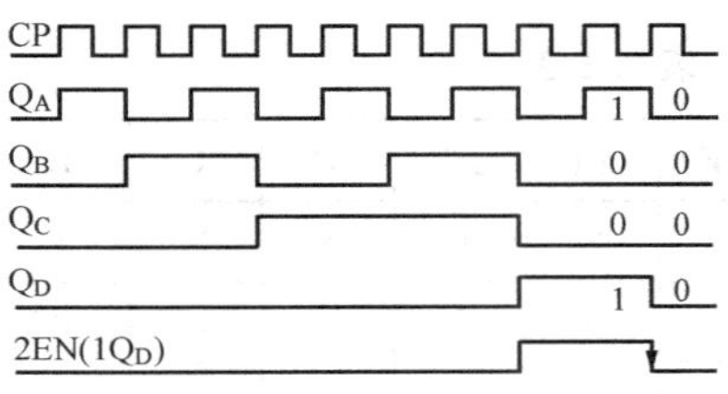

图 7.2.9　同步十进制计数器的时序图

与非门可选用四2输入与非门CC4011，其外部引线排列见图7.2.11。

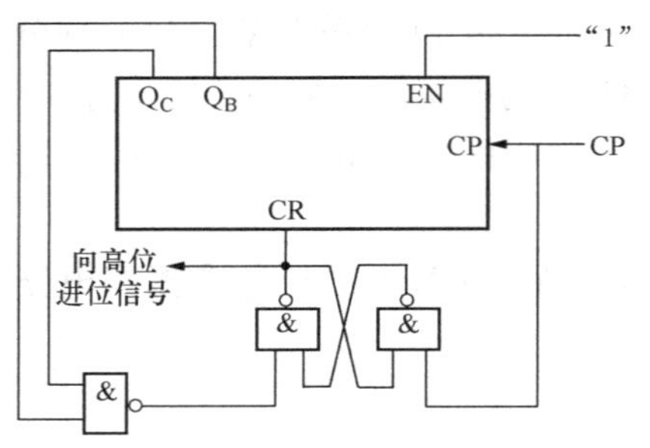

图7.2.10 六进制计数器

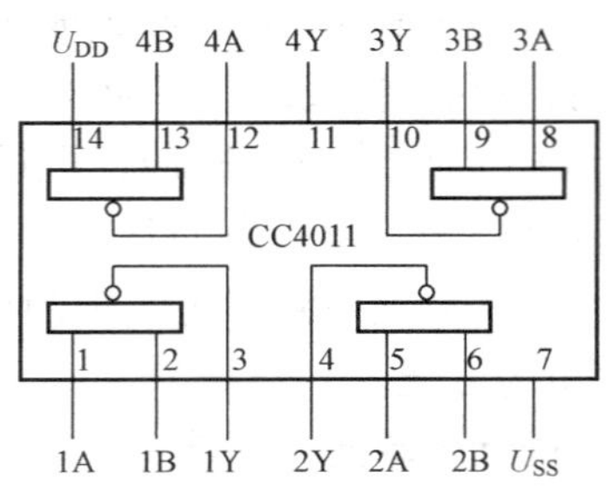

图7.2.11 CC4011引线排列图

7.2.4 译码显示单元电路选择

计数器实现了对时间的累加，译码器用来把某种特定标准数码（如二进制码、BCD码等），转换成其他形式的非标准码，译码器的输出可操作或控制系统的其他部分，也可驱动显示器，实现数字和符号的显示。这种译码器通常称为7段译码显示驱动器，有共阴极和共阳极之分，选用时和显示器配合使用。图7.2.12所示是7段数码管的结构。

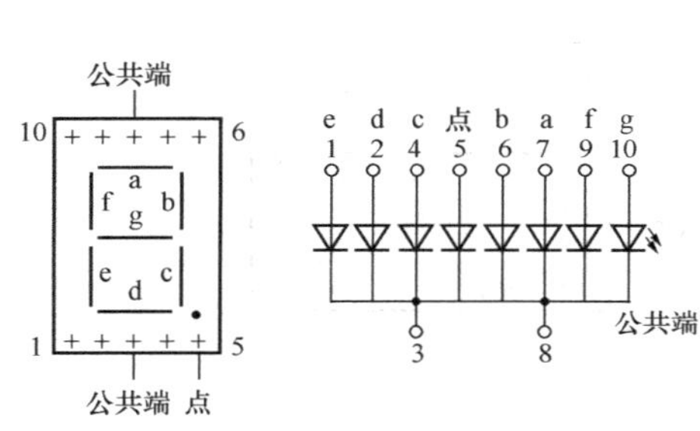

图7.2.12 七段数码管结构

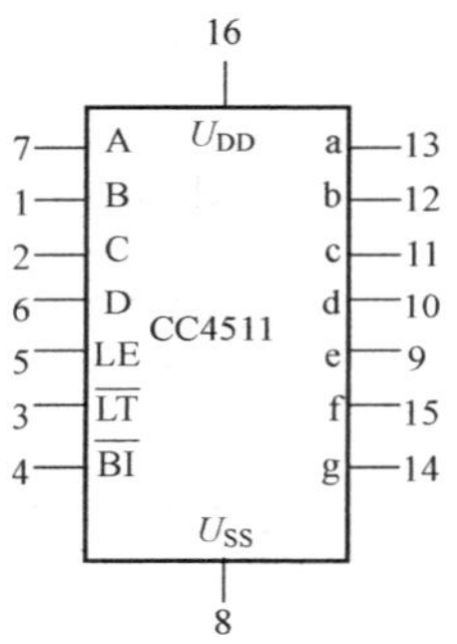

图7.2.13 CC4511逻辑符号

CC4511是CMOS电路中常用的共阴极BCD码—7段锁存译码/译码显示驱动器。它的内部除了七段译码电路外，还设有锁存电路和输出驱动器部分，具有输出大电流的驱动能力，最大可达25mA，可直接驱动LED数码管或荧光数码管。

CC4511有四个输入端A，B，C，D和七个输出端a～g。它还具有输入BCD码锁存、灯测试和熄灭显示控制功能，它们分别由锁存端LE、灯测试端$\overline{LT}$、熄灭控制端$\overline{BI}$来控制。其逻辑符号如图7.2.13所示，真值表见表7.2.3。

表7.2.3　　CC4511 真 值 表

LE	$\overline{BI}$	$\overline{LT}$	D	C	B	A	a	b	c	d	e	f	g	显示
×	×	0	×	×	×	×	1	1	1	1	1	1	1	8
×	0	1	×	×	×	×	0	0	0	0	0	0	0	熄灭
0	1	1	0	0	0	0	1	1	1	1	1	1	0	0
0	1	1	0	0	0	1	0	1	1	0	0	0	0	1
0	1	1	0	0	1	0	1	1	0	1	1	0	1	2

续表

LE	$\overline{BI}$	$\overline{LT}$	D	C	B	A	a	b	c	d	e	f	g	显示
0	1	1	0	0	1	1	1	1	1	1	0	0	1	3
0	1	1	0	1	0	0	0	1	1	0	0	1	1	4
0	1	1	0	1	0	1	1	0	1	1	0	1	1	5
0	1	1	0	1	1	0	0	0	1	1	1	1	1	6
0	1	1	0	1	1	1	1	1	1	0	0	0	0	7
0	1	1	1	0	0	0	1	1	1	1	1	1	1	8
0	1	1	1	0	0	1	1	1	1	0	0	1	1	9
0	1	1	1010～1111				0	0	0	0	0	0	0	熄灭
1	1	1	×	×	×	×	为 LE 上跳前的 BCD 码决定							锁存

由表 7.2.3 可见，当锁存允许端 LE＝“0”时，锁存器直通，译码器输出端 a～g 随输入 A～D 端而变化，当 LE＝“1”时，锁存器锁定，输出端保持当前输出不变，正常工作时应设为低电平。熄灭控制端$\overline{BI}$＝“0”时，译码器输出全“0”，正常工作时应设为高电平。另外灯测试端$\overline{LT}$＝“0”时，译码器输出全“1”，数码管各段均亮，即显示 8，用来检测数码管是否正常，正常工作时应设为高电平。

CC4511 工作时一定要加限流电阻。如图 7.2.14 所示，是由 CC4518 内两个十进制计数器组成的六十进制计数器、CC4511 七段译码驱动器和两位数字显示的电路（图中 BS205 为共阴极 LED 数码管），电阻 R 用于限制 CC4511 的输出电流大小，它决定 LED 的工作电流大小，从而调节 LED 的发光亮度，R 值由下式决定：$R=\dfrac{U_{oH}-U_D}{I_D}$，式中 U_{oH} 为 CC4511 的输出电平电压（接近电源电压 U_{DD}），U_D 为 LED 正向导通工作电压（1.5～2.5V），I_D 为 LED 笔段电流（5～10mA）。该电路中的与门电路可以使用 CD4011、74LS00 等集成器件中

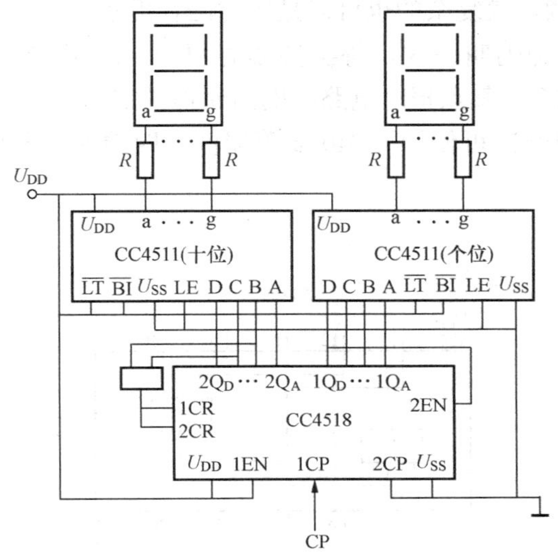

图 7.2.14　译码显示单元电路

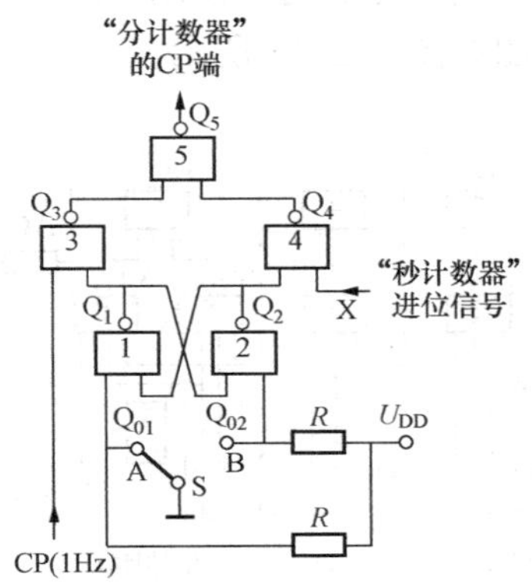

图 7.2.15　校时控制电路

的两个与非门实现。

7.2.5　校时电路选择

当重新接通电源或走时出现误差时都需要对时间进行校正。常用校正时间的方法是：首先截断正常的计数通路，然后再进行人工触发计数或将频率较高的方波信号加到需要校正的计数单元的输入端，校正好后，再转入正常计时状态。如图 7.2.15 所示，是由与非门 1、2 构成的双稳态触发器进行“时钟”时间调节电路。其功能见表 7.2.4。

表 7.2.4　　校时控制电路

开关位置			Q_1	Q_2	Q_3	Q_4	Q_5	功能
A	Q_{01}	0	1	0	CP（1Hz）校时	1	CP（1Hz）校时	校时
	Q_{02}	1						
B	Q_{01}	1	0	1	1	秒进位	秒进位	秒进位
	Q_{02}	0						

此电路可以将 1Hz 的信号和“秒计数器的进位信号”送至“分计数器的 CP 端”。当开关 S 置“B”时，与非门 1 输出低电平，门 2 输出高电平，“秒计数器进位信号”通过门 4 和门 5 送至“分计数器的 CP 端”，使“分计数器”正常工作；当开关 S 置“A”时，与非门 1 输出高电平，门 2 输出低电平，门 4 封锁“秒计数器进位信号”，而门 3 将 1Hz 的 CP 信号通过门 3 和门 5 送至“分计时器”的 CP 控制端，使“分计数器”在“秒”信号的控制下“快速”计数，直至正确的时间，再将开关置于“B”端，以达到校准时间的目的。该电路可以使用 CD4011、74LS00 等集成与非门器件实现。

7.2.6　整点报时电路

一般时钟都应具备整点报时电路功能，即在时间出现整点前数秒内，数字钟会自动报时，以示提醒。

其作用方式是发出连续的或有节奏的音频，较复杂的也可以是实时语音提示。

电台报时是在离整点差 10s 时，每隔 1s 钟鸣叫一次，每次持续时间为 1s，共响 5 次，前四次为低音 500Hz，最后一声为高音 1000Hz，整点报时电路的电路原理图如图 7.2.16 所示。二输入与非门可使用 CD4011，四输入与非门可使用 CD4012 等器件，四输入与非门的引脚图如图 7.2.17 所示。

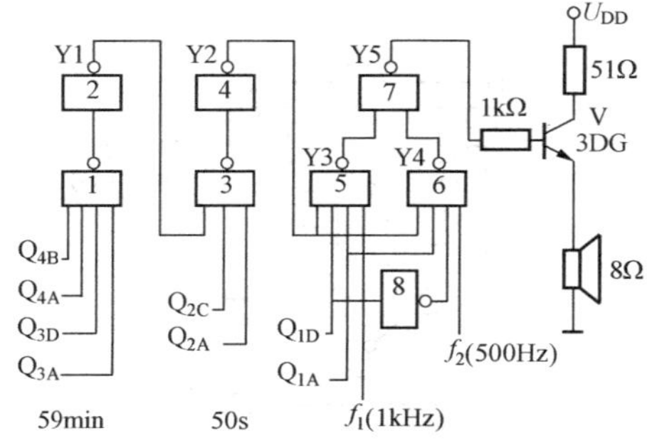

图 7.2.16　整点报时电路的电路原理图

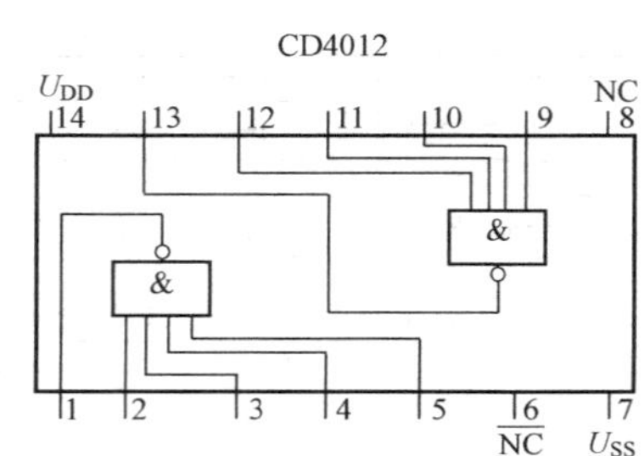

图 7.2.17　四输入与非门 CD4012 引脚图

整点报时电路主要由控制门电路和音响电路两部分组成。由 8 个与非门组成控制电路，由三极管、电阻、喇叭组成音响电路。在与非门 1、3、5、6 的输入信号中，（Q_{4B} Q_{4A}）、（Q_{3D} Q_{3A}）、（Q_{2C} Q_{2A}）、（Q_{1D} Q_{1A}）分别表示报时过程中，计数器输出端“分十位”、“分个位”、“秒十位”和“秒个位”相关位的状态。表 7.2.5 中列出了 59min50s 到 59min59s 时的报时过程。

表 7.2.5　报时过程逻辑分析

时间	59min50s		59min51、53、55、57s		59min59s	
计数器相关输出端状态	Q_{4B}、Q_{4A}、Q_{3D}、Q_{3A}	1	Q_{1D}	0	Q_{1D}	1
	Q_{2C}、Q_{2A}	1	Q_{1A}	1	Q_{1A}	1
	Y_1、Y_2	1	Y_1、Y_2、Y_3	1	Y_1、Y_2、Y_4	1
实现功能	准备报时开始		500Hz 信号通过与非门 6、7 和 V，实现低音报时声响		1kHz 信号通过与非门 5、7 和 V，实现高音报时“最后一响”	

当 59min50s 时 Q_{4B}、Q_{4A}、Q_{3D}、Q_{3A}、Q_{2C}、Q_{2A} 的状态全为“1”，Y_1 = “1”、Y_2 = “1”，为报时开始提供开关信号，与非门 5 和 6 组成逻辑开关。59min59s 时 Q_{1D}、Q_{1A} 的状态全为“1”，此时 Y_4 的输出被锁定为“1”，1kHz 穿过与非门 5 和 7 经 V 放大发出最后一响；59min51s、53s、55s、57s 和 59s 时 Q_{1D} 为“0”，此时 Y_3 的输出被锁定为“1”，500Hz 穿过与非门 6 和 7 经 V 放大各鸣叫一次。从而实现 59min50s 开始到 59min59s 的四低一高的五次鸣叫报时。

7.3 数字钟电路仿真

使用 multsim2001 进行数字电路仿真，更为方便、快速、有效，可以快速模拟电路逻辑功能、研究器件各功能、电路参数快速调整、快速准确确定电路原理图，是数字电路快速设计的最好工具之一。该软件易学方便，建议使用 multsim7.0、multsim8.0 版本，使用方法请参阅其他有关参考书，本书由于篇幅有限不再编入。

7.4 数字钟的安装与调试

在电路设计完成并经仿真验证逻辑功能后，根据电路所选的元器件，在面包板上按原理图进行分块安装、调试。在面包板上进行元器件布局时，应使联系密切的集成电路就近放置，同时规划电源正负端的位置，与集成块的电源端连接方便、紧凑为好。集成块尽量在同一方向，成行成列。选择直径与面包板上孔径接近的导线进行连接，并尽量使用较短的导线连接。集成块连接时建议按原理图进行分块安装、调试。例如：先进行振荡电路的安装、调试，再进行 s、min、h、报时电路的安装调试，然后进行校时电路的安装调试。

数字钟的调试通电前，应先用万用表电阻挡测量各集成块的电源端的正、负极连接完好，当发现短路时找出短路点，然后进行通电检查调试。

1. 晶体振荡器的安装与调试

晶体振荡器安装时为减少过多导线使用对检查和调试的影响，应将晶振、电阻、电容等尽量靠近集成电路（如与非门、555 定时器、CD4060 等器件）。

调试时，用示波器观测晶体振荡器的输出端是否有波形。若没有波形输出，应仔细查找并纠正导线接错处。

2. 分频器、计数器的安装与调试

在振荡器输出端有波形输出后，可进行分频器、计数器的安装、调试。安装时应注意功能端和位间连接。根据 CC4518 的功能表，当触发脉冲由 CP 端输入时，EN 端应接高电平，此时 CP 为上升沿触发；当触发脉冲由 EN 端输入时，CP 输入端应接低电平，此时 EN 为下降沿触发。CR 为异步复位端，高电平有效，当 CR 为高电平时，计数器复位；正常计数时应使 CR 接低电平。

调试时，用万用表、双踪示波器检测分频器的各计数器工作是否正确。发现问题时关掉电源，仔细检查电路连接的错误、使用替换法确定可疑元器件。调试时应以“位”（如秒个位、秒十位等）计数器为单元进行检测，各“位”正常后，注意低位输出与高位的连接。如果 $1Q_D$ 端连接到了 2CP 上，则秒个位会出现八进制计数的错误，所以安装、调试时，应予注意对故障的分析。

3. 译码显示电路的安装与调试

在计数器工作正常后可进行译码显示电路的安装、调试。译码驱动电路安装时，注意锁存允许端 LE、熄灭控制端 $\overline{BI}$、灯测试端 $\overline{LT}$ 的正确使用，正确的使用方法是：LE＝0、$\overline{BI}$＝1、$\overline{LT}$＝1。连接正确时能正常显示。如不正常（如译码驱动芯片异常发热、有异味）应立即关断电源，检查其输出端是否短路，待查处原因处理后方可通电，避免故障扩大。当发现数码管缺段时，应检查、分析对应段连接线和数码管对应段异常原因。

4. 校时电路的安装与调试

在数字钟基本工作正常后，可进行校时电路的安装与调试。校时电路安装时，注意其输入输出端的连接方法，校时电路的输入端是计数器（秒或分）的进位端，其输出端是计数器（分或时）的输入端，校时电路的开关应连接正确可靠。工作不正常时注意检查纠正连接的错误。

5. 整点报时电路的安装与调试

整点报时电路安装时应注意将计时相关位（Q_{4B} Q_{4A}）、（Q_{3D} Q_{3A}）、（Q_{2C} Q_{2A}）、（Q_{1D} Q_{1A}）和分频器输出的 500Hz、1kHz 的输出端无误的连接到整点报时电路的相应端。通电调试时若发现报时与数码管的显示不一致时，应仔细检查、分析、纠正连接的错误。

6. 安装与调试过程中的几个问题

在数字钟安装、调试过程中，要注意以下几个问题：

（1）在数字钟安装时，应先规划好各芯片的相对位置关系，使各芯片间的连线简便、尽量短。

（2）调试时应按照信号的传输顺序（如振荡器—分频器—计数器—译码驱动器—显示）进行，并且未调试部分的芯片先不插入插座，这样一级一级进行。

（3）在通电之前一定要检查芯片的电源端是否连接正确，如极性是否接反、正负极是否短路（可用万用表测量两端电阻是否太小）等。

（4）在数字钟调试前一定要注意使用的电源电压应与所使用芯片的电压一致。

7.5　数字钟的设计与制作任务书

要求如下：

1. 设计指标

(1) 时间以24小时为一个周期；

(2) 显示时、分、秒；

(3) 具有校时功能，可以分别对“时”及“分”进行单独校时，使其校正到标准时间；

(4) 计时过程具有报时功能，当时间到达整点前5s进行蜂鸣报时；

(5) 为了保证计时的稳定及准确，须由晶体振荡器提供表针时间基准信号。

2. 设计要求

(1) 画出电路原理图（或仿真电路图）；

(2) 元器件及参数选择；

(3) 电路仿真与调试；

(4) PCB文件生成与打印输出。

3. 制作要求

自行装配和调试，并能发现问题和解决问题。

4. 编写设计报告

写出设计与制作的全过程，附上有关资料和图纸，有心得体会。

5. 答辩

在规定的时间内，完成叙述并回答提问。

附录1 TTL电路数字钟参考电路

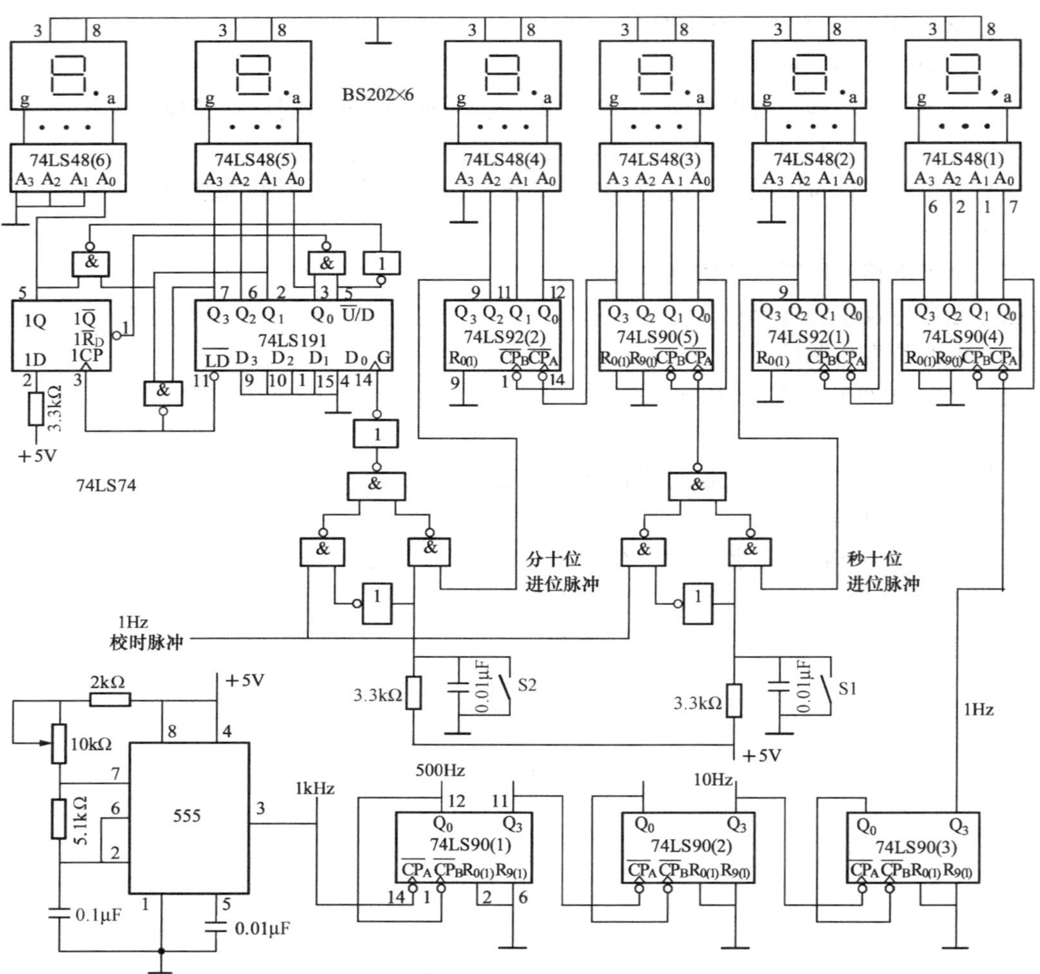

附录 2　CMOS 电路数字钟参考电路

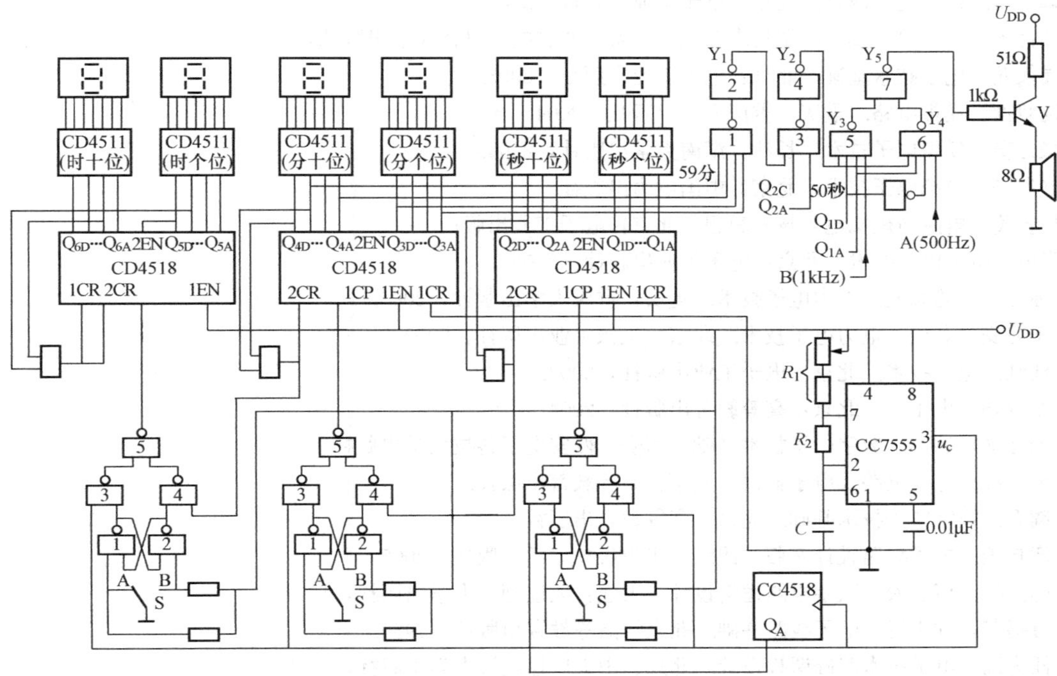

参 考 文 献

1. 李忠波，韩晓明. 电子技术. 北京：机械工业出版社，1998.
2. 谭中华. 模拟电子线路. 北京：电子工业出版社，2004.
3. 孙肖子，张企民. 模拟电子技术基础. 西安：西安电子科技大学出版社，2001.
4. 周筱龙. 电子技术基础. 北京：电子工业出版社，2003.
5. 杨毅德. 模拟电路. 重庆：重庆大学出版社，2004.
6. 张万奎. 模拟电子技术. 长沙：湖南大学出版社，2004.
7. 赵世平. 模拟电子技术. 北京：中国电力出版社.
8. 华容茂. 电路与模拟电子技术教程. 北京：电子工业出版社.
9. 张涛. 电力电子技术. 北京：电子工业出版社，2003.
10. 苏玉刚，陈渝光. 电力电子技术. 重庆：重庆大学出版社，2003.
11. 王兆安，黄俊 . 电力电子技术. 北京：机械工业出版社，2003.
12. 汪红. 电子技术. 北京：电子工业出版社，2003.
13. 秦曾煌. 电工学. 北京：高等教育出版社，2004.
14. 刘守义，钟苏. 数字电子技术基础. 西安：西安电子科技大学出版社.
15. 郭培源. 电子电路及电子器件. 北京：高等教育出版社.
16. 阎石. 数字电子技术基础. 北京：高等教育出版社.
17. 谢自美. 电子线路设计 2 版. 武汉：华中科技大学出版社，2005.
18. 韩振振，唐志宏. 数字电路逻辑设计. 大连：大连理工大学出版社，1997.
19. 万嘉若，林康运. 电子线路基础. 北京：高等教育出版社，1986.
20. 任为民. 电子技术基础课程设计. 北京：中央广播电视大学出版社，1997.